面向数字化时代高等学校计算机系列教材

区块链与数据要素

李悦 方志军 胡麦芳 编著

清华大学出版社
北京

内容简介

本书全面系统地介绍了区块链技术及其应用开发，从基础理论到实战案例，内容涵盖区块链概述、体系架构、密码学技术、数据结构、账户与交易原理、网络通信协议与共识机制，以及以太坊与智能合约等关键领域。

本书特色在于不仅深入剖析了区块链技术的核心原理，还详细探讨了区块链在数据要素市场中的应用，如数字城市、数字金融、数字双碳、数字治理等。此外，通过三个实战案例——数据交易、数字藏品、版权保护，展示了区块链技术的实际应用与部署过程，为读者提供了宝贵的实践指导，是一本理论与实践相结合的区块链教材。

本书适用于高等院校计算机等相关专业的高年级本科生和研究生课程，此外，本书亦可作为区块链技术爱好者及行业从业人员的参考书。

版权所有，侵权必究。举报：010-62782989，beiqinquan@tup.tsinghua.edu.cn。

图书在版编目（CIP）数据

区块链与数据要素 / 李悦，方志军，胡麦芳编著. -- 北京：清华大学出版社，2025.5.
（面向数字化时代高等学校计算机系列教材）. -- ISBN 978-7-302-69148-8

Ⅰ. TP274

中国国家版本馆 CIP 数据核字第 2025E4A053 号

责任编辑：贾　斌
封面设计：刘　键
责任校对：韩天竹
责任印制：刘海龙

出版发行：清华大学出版社
　　　　网　　址：https://www.tup.com.cn，https://www.wqxuetang.com
　　　　地　　址：北京清华大学学研大厦 A 座　　邮　　编：100084
　　　　社 总 机：010-83470000　　　　　　　　邮　　购：010-62786544
　　　　投稿与读者服务：010-62776969，c-service@tup.tsinghua.edu.cn
　　　　质量反馈：010-62772015，zhiliang@tup.tsinghua.edu.cn
　　　　课件下载：https://www.tup.com.cn，010-83470236
印 装 者：三河市君旺印务有限公司
经　　销：全国新华书店
开　　本：185mm×260mm　　印　张：10.25　　字　数：273 千字
版　　次：2025 年 6 月第 1 版　　　　　　　　印　次：2025 年 6 月第 1 次印刷
印　　数：1～1500
定　　价：39.00 元

产品编号：110389-01

前言

随着信息技术的飞速发展，区块链技术正以其独特的优势，引领着数字时代的变革。为了全面、系统地介绍这一前沿技术，我们精心编写了本书，旨在为读者提供一本涵盖理论、实践与案例的区块链技术指南。

在本书的撰写过程中，我们得到了东华大学——趣链科技区块链与数字资产联合研发中心的研发人员大力支持与协助，为我们提供了丰富的教学资源和研究环境。同时，特别感谢杭州趣链科技有限公司，作为区块链领域的佼佼者，趣链科技不仅为我们分享了宝贵的数据要素案例，还为我们提供了专业的技术支持和深入的实践指导。

本书内容全面，结构清晰，从区块链技术理论出发，逐步深入区块链数据要素市场及典型案例。我们特别将趣链科技提供的数据要素案例与开发经验融入其中，以便读者能够更好地理解和掌握区块链技术在实际应用中的挑战与机遇。同时，我们也结合项目实战案例，将理论知识与实际操作紧密结合，帮助读者全面提升区块链技术的应用能力。

在此，我们衷心希望本书能够成为广大读者学习区块链技术的得力助手，并为大家在区块链领域的学习和研究提供有益的参考。

李 悦

2025 年 5 月

目录

第一部分　区块链技术理论

第1章　区块链概述

1.1　区块链的定义 ………………………………………………………… 3
1.2　区块链历史与演进趋势 ……………………………………………… 4
　　1.2.1　比特币之前的发展简史 …………………………………… 4
　　1.2.2　区块链 1.0~3.0 ……………………………………………… 5
1.3　区块链的特点 ………………………………………………………… 7
　　1.3.1　去中心化 …………………………………………………… 7
　　1.3.2　透明性 ……………………………………………………… 9
　　1.3.3　开放性 ……………………………………………………… 9
　　1.3.4　自治性 ……………………………………………………… 9
　　1.3.5　信息不可篡改 ……………………………………………… 9
　　1.3.6　匿名性 ……………………………………………………… 9
1.4　思考题 ………………………………………………………………… 10

第2章　区块链体系架构

2.1　总体架构 ……………………………………………………………… 11
　　2.1.1　区块链六层体系结构 ……………………………………… 11
　　2.1.2　区块链与 Web 3.0 体系结构 ……………………………… 12
2.2　区块链分类 …………………………………………………………… 13
　　2.2.1　私有链 ……………………………………………………… 13
　　2.2.2　公有链 ……………………………………………………… 13
　　2.2.3　联盟链 ……………………………………………………… 14
2.3　主流架构 ……………………………………………………………… 14
　　2.3.1　比特币 ……………………………………………………… 15
　　2.3.2　以太坊 ……………………………………………………… 18
　　2.3.3　超级账本 …………………………………………………… 22
　　2.3.4　Fisco Bcos ………………………………………………… 25

2.4	思考题	28

第 3 章　区块链的密码学技术

3.1	区块链中的密码学概述	29
3.2	Hash 函数	30
	3.2.1　Hash 函数原理与定义	30
	3.2.2　Hash 函数的作用	30
	3.2.3　常见 Hash 函数	31
	3.2.4　Hash 函数在区块链中的应用	35
3.3	公钥密码	36
	3.3.1　公钥算法定义和原理	36
	3.3.2　RSA 公钥算法	37
	3.3.3　ElGamal 公钥算法	39
	3.3.4　椭圆曲线加密算法	40
3.4	数字签名	43
	3.4.1　数字签名概念与原理	43
	3.4.2　常用数字签名算法	45
	3.4.3　数字签名在区块链中的应用	46
3.5	本章小结	47
3.6	思考题	47

第 4 章　区块链数据结构

4.1	区块链组成	49
	4.1.1　区块	49
	4.1.2　节点	49
	4.1.3　区块结构	50
	4.1.4　区块头	51
	4.1.5　区块体	53
4.2	区块链中的数据结构	53
	4.2.1　哈希指针	54
	4.2.2　默克尔树	55
	4.2.3　默克尔证明	56
	4.2.4　布隆过滤器	59
4.3	区块链的生成	61
	4.3.1　区块的生成	61
	4.3.2　区块的传播	62
	4.3.3　区块的校验	63

第 5 章　区块链账户与交易原理

- 5.1 区块链状态库 ·· 65
  - 5.1.1 状态库 ·· 65
  - 5.1.2 世界状态 ·· 65
  - 5.1.3 状态树 ·· 66
  - 5.1.4 用户账户和合约账户 ································ 66
- 5.2 用户账户活动 ··· 67
  - 5.2.1 用户地址 ·· 67
  - 5.2.2 交易发起 ·· 68
  - 5.2.3 交易验证 ·· 69
  - 5.2.4 区块与区块链的形成 ································ 69
- 5.3 合约账户活动 ··· 70
  - 5.3.1 合约的创建 ·· 70
  - 5.3.2 合约的调用 ·· 71
- 5.4 转账交易示例 ··· 71
- 5.5 思考题 ·· 72

第 6 章　网络通信协议与共识机制

- 6.1 P2P 网络概述和模型 ···································· 73
  - 6.1.1 P2P 网络概述 ······································· 73
  - 6.1.2 集中目录式 P2P 网络模型 ·························· 74
  - 6.1.3 纯分布式 P2P 网络模型 ···························· 74
  - 6.1.4 分层式 P2P 网络模型 ······························ 77
  - 6.1.5 三种 P2P 网络模型性能对比 ······················ 78
- 6.2 区块链 P2P 网络 ··· 78
  - 6.2.1 覆盖网络的结构(网络拓扑构建) ·················· 78
  - 6.2.2 覆盖网络的路由算法 ······························ 79
  - 6.2.3 节点的加入、初始化路由表、路由更新和容错算法 ··· 79
  - 6.2.4 区块链中的网络模型 ······························ 80
- 6.3 案例分析：以太坊的 P2P 网络 ························ 81
  - 6.3.1 Kademlia 算法 ····································· 82
  - 6.3.2 以太坊节点逻辑 ···································· 82
- 6.4 共识机制概述 ··· 84
  - 6.4.1 共识机制的引入 ···································· 84
  - 6.4.2 共识机制的设计 ···································· 85
  - 6.4.3 奖励机制的设计 ···································· 86
- 6.5 区块链共识机制 ·· 86

6.5.1　工作量证明 ………………………………………………………………………… 86
6.5.2　权益证明 …………………………………………………………………………… 87
6.5.3　委任权利证明 ……………………………………………………………………… 88
6.5.4　拜占庭共识机制 …………………………………………………………………… 89
6.5.5　其他共识机制 ……………………………………………………………………… 89
6.6　思考题 …………………………………………………………………………………… 90

第 7 章　以太坊与智能合约

7.1　智能合约概述 …………………………………………………………………………… 92
7.2　智能合约设计流程 ……………………………………………………………………… 93
7.3　智能合约的工作原理 …………………………………………………………………… 94
7.4　智能合约的优缺点 ……………………………………………………………………… 95
7.5　智能合约的应用场景 …………………………………………………………………… 95
　　7.5.1　政府投票系统 ……………………………………………………………………… 95
　　7.5.2　医疗保健系统 ……………………………………………………………………… 96
　　7.5.3　金融服务和保险 …………………………………………………………………… 96
　　7.5.4　抵押贷款交易 ……………………………………………………………………… 96
7.6　以太坊智能合约基础 …………………………………………………………………… 96
7.7　以太坊智能合约开发环境介绍 ………………………………………………………… 98
7.8　以太坊智能合约开发 …………………………………………………………………… 99
　　7.8.1　编写合约 …………………………………………………………………………… 100
　　7.8.2　编译合约 …………………………………………………………………………… 101
　　7.8.3　部署合约 …………………………………………………………………………… 102
7.9　思考题 …………………………………………………………………………………… 103

第二部分　区块链数据要素市场及典型案例

第 8 章　数据资源、数据资产与数据要素

8.1　基本概念与属性 ………………………………………………………………………… 107
　　8.1.1　数据资源 …………………………………………………………………………… 107
　　8.1.2　数据资产 …………………………………………………………………………… 109
　　8.1.3　数据要素 …………………………………………………………………………… 112
8.2　数据要素市场 …………………………………………………………………………… 114
　　8.2.1　什么是数据要素市场 ……………………………………………………………… 114
　　8.2.2　数据要素相关政策解读 …………………………………………………………… 115
　　8.2.3　数据要素相关法律法规支撑 ……………………………………………………… 115
　　8.2.4　数据要素市场发展现状 …………………………………………………………… 116

8.2.5　数据要素市场发展的挑战与机遇 …… 117

第 9 章　区块链赋能数据要素行情

9.1　区块链 + 数字城市 …… 119
　　9.1.1　行业背景 …… 119
　　9.1.2　业务痛点 …… 119
　　9.1.3　解决方案 …… 120
9.2　区块链 + 数字金融 …… 122
　　9.2.1　供应链金融的企业信用评估 …… 122
　　9.2.2　联合风控与反欺诈 …… 125
9.3　区块链 + 数字双碳 …… 128
　　9.3.1　行业背景 …… 128
　　9.3.2　业务痛点 …… 129
　　9.3.3　解决方案 …… 129
9.4　区块链 + 数字治理 …… 132
　　9.4.1　行业背景 …… 132
　　9.4.2　业务痛点 …… 133
　　9.4.3　解决方案 …… 133

第三部分　项目实战案例

第 10 章　案例：数据交易

10.1　项目简介 …… 137
10.2　应用架构设计 …… 139
10.3　智能合约编写 …… 140
　　10.3.1　合约设计 …… 140
　　10.3.2　合约核心代码 …… 141
10.4　项目部署与运行 …… 142

第 11 章　案例：数字藏品

11.1　项目简介 …… 143
11.2　应用架构设计 …… 144
11.3　智能合约编写 …… 145
　　11.3.1　合约设计 …… 145
　　11.3.2　合约核心代码 …… 145
11.4　项目部署与运行 …… 147

第12章 案例：版权保护

12.1 项目简介 ………………………………………………………………… 148
12.2 应用架构设计 …………………………………………………………… 149
12.3 智能合约编写 …………………………………………………………… 150
　12.3.1　合约设计 ………………………………………………………… 150
　12.3.2　合约核心代码 …………………………………………………… 151
12.4 项目部署与运行 ………………………………………………………… 152

参考文献 ………………………………………………………………………… 153

第一部分 区块链技术理论

第1章 区块链概述

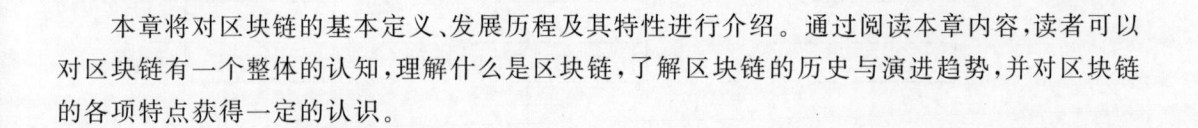

本章将对区块链的基本定义、发展历程及其特性进行介绍。通过阅读本章内容,读者可以对区块链有一个整体的认知,理解什么是区块链,了解区块链的历史与演进趋势,并对区块链的各项特点获得一定的认识。

1.1 区块链的定义

区块链(Blockchain)是近年来极为热门的前沿技术名词,区块链技术被认为是未来十几年对金融、物联网、医疗等诸多领域产生影响最大的"黑科技"之一。

区块链与比特币有着很深的渊源,但是两者不能等同。实际上,区块链是比特币的底层技术,更是一种采用了分布式数据存储、对等网络、共识机制和加密算法等计算机技术的新型应用模式。

中本聪在2008年发表的《比特币:一种点对点电子现金系统》中提出了比特币这个不依赖于信任的电子交易系统架构,并在文中对数据存储的设计使用Block和Chain进行了描述,首次提及了区块链(a chain of blocks)的初步概念。其中对区块链的描述具体如下:

时间戳服务器对以区块(Block)形式存在的一组数据实施随机散列并加上时间戳,然后将该随机散列进行广播,就像在新闻或世界性新闻组网络(Usenet)一样。显然,该时间戳能够证实特定数据于某特定时间是的确存在的,因为只有在该时刻存在了才能获取相应的随机哈希值。每个时间戳应将前一个时间戳纳入其随机哈希值中,每一个随后的时间戳都对之前的一个时间戳进行增强(Reinforcing),这样就形成了一个链条(Chain),即区块链。

这里从狭义和广义两方面对区块链做出定义。

从狭义上看,区块链是一种采用密码学算法和链式关联结构组织数据块,由参与节点共同维护以保证数据几乎不可能被修改的、最终保证数据一致性的分布式数据存储技术;是一种按照时间顺序将数据区块以顺序相连的方式组合而成的链式数据结构,并以密码学方式保证的不可篡改和不可伪造的分布式账本。

从广义上看,区块链指在所有节点均不可信的对等网络中,通过共识算法和经济学常识建立信任机制,并最终实现节点数据存储一致性的网络系统。

了解了区块链的定义后,接下来介绍区块链的一些基本概念。

区块(Block),是指存储已记录数据的文件,里面按照时间先后顺序记录了链上已发生的所有价值交换活动。换言之,区块是在区块链上承载交易数据的数据包,是一种被标记上时间戳和之前一个区块的哈希值的数据结构。一个完整区块的基本构成如图1-1所示。

(1) 区块头(Block Header)。

记录当前区块的元信息,包含当前版本号、上一区块的哈希值、时间戳、随机数、Merkle根节点的哈希值等数据。区块体的数据记录通过Merkle树的哈希过程生成唯一的Merkle树根节点的哈希值记录于区块头。

图 1-1 区块的基本构成

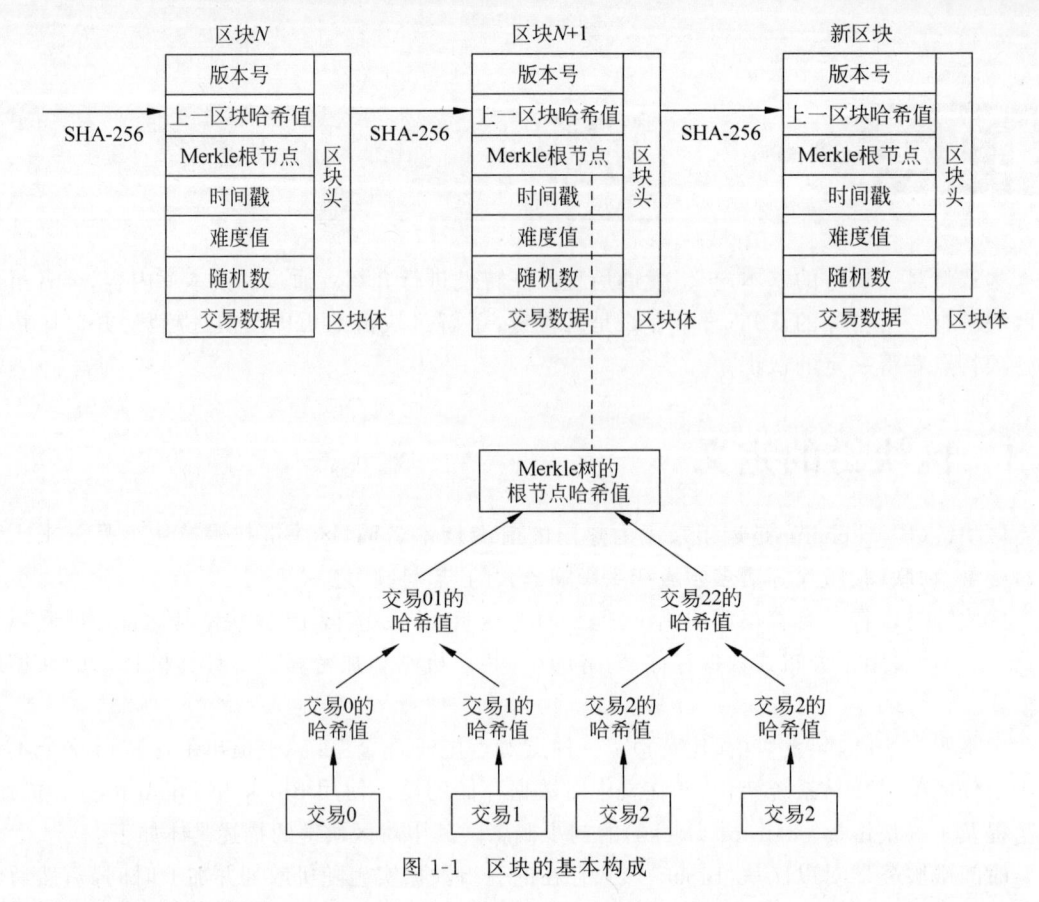

（2）区块体（Block Body）。

记录一定时间内所生成的详细数据，包括当前区块经过验证的、区块创建过程中生成的所有交易记录或其他信息，可以理解为账本的一种表现形式。

（3）时间戳（Time Stamp）。

时间戳从区块生成的那一刻起就存在于区块中，是用于标识交易时间的字符序列，具有唯一性，时间戳用来记录并表明存在的、完整的、可验证的数据，是每一次交易记录的认证。

（4）区块容量（Block Size）。

区块链的每个区块都是用来承载某个时间段内的数据的，每个区块通过时间的先后顺序，使用密码学技术将其串联起来，形成一个完整的分布式数据库，区块容量代表了一个区块能够容纳多少数据的能力。

（5）区块高度（Block Height）。

一个区块的高度是指该区块在区块链中它和创世区块之间相隔的块数。

区块链（Blockchain），是由区块按照发生的时间顺序，通过区块的哈希值串联而成的，是区块交易记录及状态变化的日志记录。

1.2 区块链历史与演进趋势

▶ 1.2.1 比特币之前的发展简史

区块链是多种计算机基本理论和技术的融合体，包含编码学、密码学、分布式、共识机制、对等(Peer to Peer,P2P)网络、编译原理等,中本聪在设计比特币时并没有发明全新的技术,而是巧妙地将前人的成果融合在一起。下面简单介绍比特币之前一些相关技术的发展简史。

1982年,莱斯利·兰伯特提出拜占庭将军问题,把军中各地军队彼此取得共识、决定是否出兵的过程,延伸至运算领域,试图建立具有较高容错性能的分散式系统。在这一系统中,即使部分节点失效,仍可确保系统正常运行,并且让多个基于零信任基础的节点达成共识,从而确保资讯传递的一致性。

大卫·乔姆提出注重隐私安全的密码学匿名现金支付系统。这一体系具有不可追踪的特性,也是区块链在隐私安全方面的雏形。

1985年,椭圆曲线加密算法被提出。尼尔·科布利茨和维克多·米勒分别提出椭圆曲线加密算法(Elliptic Curve Cryptography,ECC),首次将椭圆曲线用于密码学,相较于 RSA 算法,采用 ECC 的好处在于可用较短的密钥,达到相同的安全程度。

1990年,大卫·乔姆基于先前理论打造出了不可追踪的密码学匿名电子支付系统,即后来的 Ecash。注意 Ecash 并非去中心化系统。

莱斯利·兰伯特提出具有高容错的一致性算法 Paxos。

1991年,斯图尔特·哈伯与 W. 斯科特·斯托尼塔提出用时间戳确保数位文件安全的协议,此概念之后被比特币区块链系统所采用。

1992年,斯科特·万斯通等人提出椭圆曲线数字签名算法(Elliptic Curve Digital Signature Algorithm,ECDSA)。

1997年,亚当·贝克发明哈希现金(Hashcash),Hashcash 是一种工作量证明算法(Proof of Work,PoW),此算法依赖成本函数的不可逆特性,达到容易被验证、但很难被破解的特性,最早被应用于阻挡垃圾邮件。Hashcash 之后成为比特币区块链所采用的关键技术之一。

1998年,戴伟发表匿名的分散式电子现金系统 B-money,引入工作量证明机制,强调点对点交易和不可篡改特性。不过在 B-money 中,并未采用亚当·贝克提出的 Hashcash 算法。戴伟的许多设计之后被比特币区块链所采用。

尼克·萨博发表去中心化的数字货币系统 Bit Gold,参与者可贡献运算能力来解出加密谜题。

2005年,哈尔·芬尼提出可重复使用的工作量证明机制(Reusable Proofs of Work,RPoW),结合 B-money 与亚当·贝克提出的 Hashcash 算法来创造加密数字货币。

▶ 1.2.2　区块链1.0~3.0

根据区块链科学研究所创始人梅兰妮·斯万(Melanie Swan)的观点,区块链技术发展分为三个阶段,即区块链1.0、区块链2.0和区块链3.0。

1. 区块链1.0：以比特币为代表的可编程货币

区块链技术和理论最初来源于比特币,2008年中本聪首次提出了区块链这种数据结构,以及基于区块链的比特币。比特币的交易数据是写在区块中的,各区块都带有时间戳,区块和区块之间通过哈希指针串联起来并形成时序关系,一旦篡改某一个区块中的数据,其之后所有区块中的哈希值都需要更改,这种记账方式使得比特币极难篡改。并且,比特币作为一种分布式记账技术,整个交易过程无须第三方机构组织验证或监督,而是由区块链系统中的各个节点来验证交易的合理性。在区块链网络中,各节点时刻监听网络中广播的数据,当接收到其他节点发来的新交易和新区块时,它首先验证这些交易和区块是否有效,包括数据中的数字签名、区块中的工作量证明等，只有通过验证的区块才会被处理和转发。

区块产生的过程也叫挖矿，比特币通过出块奖励和手续费来激励矿工记账和打包数据成块，比特币规定每产生21万个区块，出块奖励的比特币将减半。2009年年初，比特币系统正式上线，中本聪挖出了第一个区块，即"创世区块"，产生了最初的50个比特币。比特币在2020年5月完成了第三次产量减半，出块奖励已经减半为6.25个BTC(Bitcoin)。据CoinGecko的数据显示，截至2022年2月，当前加密货币市值为1.97万亿美元，其中比特币市值就占了40.6%。

继比特币之后，市场中涌现了许多种类的加密货币，据Statista的统计，截至2022年2月，存活的加密货币有10397种。2011年莱特币(LTC)面世，莱特币在技术原理上与比特币类似，它使用硬内存和基于Scrypt(一种加密算法)的挖矿工作量证明算法使得在普通计算机上挖掘莱特币更加容易，降低了挖矿硬件成本。2013年瑞波(Ripple)网络被推出，随之发行了瑞波的基础货币瑞波币。瑞波币是世界上第一个开放的支付网络，通过瑞波网络可以转账任意一种货币以及快速完成交易确认。2016年10月28日，零币(Zcash)项目发布，Zcash是首个使用零知识证明的区块链系统，零知识证明是指证明者无须向验证者提供任何有用信息，就可以使得验证者得出某论断是正确的，所有Zcash系统可以实现匿名支付。

比特币设计的初衷是构建一个可信赖的、自由、无中心、有序的货币交易世界，尽管比特币出现了价格剧烈波动、挖矿产生的巨大能源消耗、政府监管态度不明等各种问题，但可编程货币的出现让价值在互联网中直接流通交换成为可能。可编程的意义是指通过预先设定的指令，完成复杂的动作，并能通过判断外部条件做出反应。可编程货币即指定某些货币在特定时间的专门用途，这对于政府管理专款专用资金等有着重要意义。

区块链是一个全新的数字支付系统，其去中心化、基于密钥的毫无障碍的货币交易模式，在保证安全性的同时也大大降低了交易成本，对传统金融体系可能产生颠覆性影响，也刻画出一幅理想的交易愿景——全球货币统一，使得货币发行流通不再依靠各国央行。区块链1.0设置了货币的全新起点，但构建全球统一的区块链网络却还有很长的路要走。

2. 区块链2.0：基于区块链的可编程金融

为了解决比特币的难以扩展，无法自定义信息结构(如资产、身份、股权)等问题，以太坊应运而生。2013年11月，Vitalik Buterin发起了以太坊项目，并在12月发布了《以太坊白皮书》。2014年4月，以太坊联合创始人Gavin Wood发表了《以太坊黄皮书》，并将其作为以太坊虚拟机的技术说明。以太坊是一个开源的有智能合约功能的公共区块链平台，允许用户在上面搭建各种去中心化的应用。在无可信第三方验证的情况下，智能合约作为一种监控、验证、执行合约条款的计算机交易协议，嵌入由数字形式控制的价值实体，担任合约双方共同信任的代理，自治、高效、安全地执行合约。以太坊的核心是图灵完备的以太坊虚拟机。用户可以使用高级编程语言或者专门用于智能合约开发的语言Solidity编写智能合约，并可将其部署在以太坊区块链上，然后在以太坊虚拟机中运行。以太坊智能合约的执行需要消耗燃料费，用来维护以太坊网络，燃料费不足时智能合约就会停止运行。以太坊适用于公有链、私有链和联盟链3种区块链环境，不同的区块链环境可以通过扩展包的形式将智能合约部署到链上。

2015年12月，Linux基金会发起了超级账本Hyperledger开源区块链项目，旨在构建业务驱动的、跨行业的商业区块链平台，其中Fabric项目最受关注，其专门针对企业级区块链应用。Hyperledger中的智能合约称为链码，通过调用链码中的函数方法来实现处理交易的业务逻辑，完成对分布式账本的更新和维护。2016年4月，R3公司发布了面向金融机构定制设计的分布式账本平台Corda，其保障了数据仅对交易双方及监管可见的交易隐私性。R3公司发起的联盟包括花旗银行、汇丰银行、德意志银行、法国兴业银行等80多家金融机构。

目前，可编程金融已经在包括股票、私募股权等领域有了初步的应用：有交易所积极尝试使用区块链技术实现股权登记、转让等功能；华尔街银行通过联合打造区块链行业标准，提高银行结算支付的效率，降低跨境支付的成本。

目前商业银行基于区块链的应用领域主要如下：①点对点交易，如基于P2P的跨境支付和汇款、贸易结算以及证券、期货、金融衍生品合约的买卖等；②登记，区块链具有可信、可追溯的特点，因此可作为可靠的数据库来记录各种信息，如运用在存储反洗钱客户身份资料和交易记录上；③确权，如土地所有权、股权等合约或财产的真实性验证和转移等；④智能管理，即利用"智能合同"自动检测是否具备生效的各种环境，一旦满足预先设定的程序，合同将会得到自动处理，例如自动付息、分红等。目前，包括商业银行在内的金融机构都开始研究区块链技术并尝试将其运用到实践中，也许现有的金融体系正在逐渐被区块链技术所颠覆。

3. 区块链3.0：区块链在其他行业的应用

随着区块链2.0智能合约的引入，除了金融行业，区块链技术在其他领域也开始应用，例如法律、零售、物联、医疗等领域。在应用落地方面，区块链技术已经对一些行业进行了革命性的改变，例如：

（1）医疗。区块链技术有可能彻底改变患者记录和个人信息的管理和存储。此外，区块链可以优化不同医疗服务之间的通信，从而促进全球协作。

（2）运输。物流供应链在运输和交付服务中，可以通过引入分布式账本技术进行深度优化。区块链可用于优化货物的可追溯性和问责制。

（3）投票。随着透明的公共分类账本被集成到投票系统中，该过程变得更加易于访问且更安全。

在新兴应用方面，区块链技术不可篡改、可追溯、无中介化和分布式的特点使其可以赋能数字人民币，进行碳追踪、碳交易等。区块链还可以为物联网数据流转和价值挖掘提供可信保障，其特性可以让隐私数据变得有据可循，提供安全性和透明度。由于云资源的开放性和易得性，公有云平台成为当前区块链创新的最佳载体，蚂蚁、腾讯、华为等主流云厂商的BaaS（Blockchain as a Service，区块链即服务）平台已经具有多引擎支持、多模式部署、多节点统一管理的能力。区块链也被寄予厚望，或许可以颠覆现有中心化的互联网，成为Web 3.0的天然基石，实现无服务器的、去中心化的、可验证的且安全的互联网。

区块链的飞速发展描绘了世界基于技术的统一愿景，整个社会有望进入智能互联网时代，形成一个可编程的社会。在这个信用已经成为紧缺资源的时代，区块链的技术创新作为一种分布式信用的模式，为全球市场的金融、社会管理、人才评价和去中心化组织建设等提供了广阔的发展前景。

1.3 区块链的特点

区块链的特点如图1-2所示。

▶ 1.3.1 去中心化

相比于传统的中心化系统，区块链是一个去中心化系统。

在一个网络系统或者是社会生态中，一个个单独节点分布在系统中，任何一个节点都是相

```
区块链的特点 ──→ 去中心化
            ──→ 透明性
            ──→ 开放性
            ──→ 自治性
            ──→ 信息不可篡改
            ──→ 匿名性
```

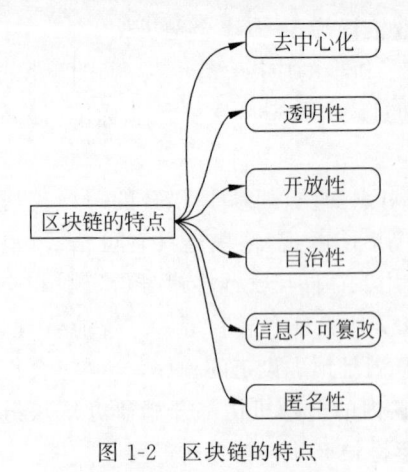

图1-2 区块链的特点

互平等的；节点之间彼此可以自由连接，形成新的连接单元，节点与节点之间通过连接相互影响。这种开放式、扁平化、平等性的系统现象或结构，就是去中心化系统。

去中心化是区块链最基本的特点，意味着区块链不再依赖中央处理节点，实现了数据的分布式记录、存储和更新。

在区块链系统中，不存在中心化的硬件或管理机构，全网节点的权利和义务均等，系统中的数据本质是由全网节点共同维护的。具体来说，每笔交易信息都会被记录在每一个节点的账本中，而每新增一笔交易，所有节点都会参与该笔交易的检查，并使用密码学原理检测其正确性。因此，不需要一套第三方中介机构或信任机构背书，各种交易仍能安全运行。

在传统的中心化网络中，对一个中心节点实行攻击即可破坏整个系统；而在一个去中心化的区块链网络中，攻击单个节点无法控制或破坏整个网络，掌握网内超过51%的节点只是获得控制权的开始而已。

如何理解去中心化，或者衡量一个系统的去中心化是一件很困难的事情。以太坊创始人Vitalik在一篇文章中用计算机系统的架构、政治和逻辑三种标准去衡量系统的去中心化，提出了如下问题。

架构层去中心化：现实世界中，系统由多少台计算机组成？多少台计算机崩溃不会影响系统的正常运行？

政治层去中心化：有多少人或组织对组成系统的计算机拥有最终控制权？

逻辑层去中心化：从系统整体来看，它更像是单一的网络设备，还是由无数网络设备组成的集群？

从这三个角度出发，以传统公司为例，它在政治上中心化——一位CEO；在架构上中心化——一个总部；在逻辑上中心化——整个公司像一个节点，无法分离。而区块链在架构上是去中心化的，网络中拥有足够数量的服务器节点的情况下，任意服务器节点的崩溃不会影响整个系统的正常运行；在政治上是去中心化的，没有人或组织可以控制区块链；在逻辑上是去中心化的，所有的节点通过共识，使得整个系统像一台计算机一样运行。

在现实世界引入去中心化的必要性如下。

容错：去中心化系统很少会因为某个局部故障而导致整个系统崩溃，因为它依赖于很多独立工作的、不相互依赖的组件。

抵抗攻击：攻击或操纵去中心化系统的成本更高，因为它们基本上没有敏感薄弱的"中心弱点"，攻击任意一个节点都不会影响系统。相比之下，中心化系统的攻击成本就要低得多，攻击其中心节点就会使得整个系统崩溃。

抵制合谋：去中心化系统的参与者们很难勾结在一起，每个节点都是平行平等的，不存在上下级、主从的关系。而对于传统企业和政府而言，他们可能会为了自己的利益而互相勾结，最终损害的是相对难以协调一致的公民、客户、员工和广大人民的利益。

相比中心化系统，去中心化系统拥有更高的系统安全性、交易安全性，交易时更加节约资源，其无须第三方介入的特性使得系统更加自主高效；但同样，去中心化系统也有很多弱点，如同步成本高、效率低下等。

1.3.2 透明性

区块链系统的数据记录对全网节点是透明的,数据记录的更新操作对全网节点也是透明的,这是区块链系统值得信任的基础。由于区块链系统使用开源的程序、开放的规则和高参与度,区块链系统数据记录和运行规则可以被全网节点审查、追溯,具有很高的透明度。

1.3.3 开放性

区块链系统是开放的,除了数据直接相关各方的私有信息通过非对称加密技术被加密外,区块链的数据对所有节点公开。任何节点都可以通过公开的接口查询区块链数据记录或开发相关应用,因此整个系统信息高度透明。

1.3.4 自治性

区块链技术试图通过构建一个可靠的自制网络系统,从根本上解决价值交换与转移中存在的欺诈和寻租现象。在具体的应用中,区块链采用基于协商一致的规范和协议,使得整个系统中的节点能够在去信任的环境中自由安全地进行数据的交换、记录和更新,将对个人或机构的信任改成对体系的信任,任何人为的干预都将不起作用。

1.3.5 信息不可篡改

区块链系统的信息一旦经过验证并添加至区块链后,就被区块链上所有节点共同记录,并通过加密技术保证该信息与其之前和之后加至区块链中的信息互相关联,得到永久存储,从而对区块链中的某条记录进行篡改的难度与成本非常高。除非能够同时控制系统中超过51%的节点,否则单个节点上对数据库的修改是无效的。因此区块链的数据稳定性和可靠性极高。

但区块链的不可篡改性在实际的产业应用中也带来了一些挑战,例如人为失误难以处理、违法消息难以控制、维护成本高昂、互联网信息的"被遗忘权"等。2016年,以太坊遭遇DAO事件,合约漏洞造成以太坊数十万加密货币被盗,被盗取的记录被永久保存在区块链上;2013年,比特币区块链元数据中被发现嵌入非法色情内容,并且无法消除;2010年,维基解密披露出的超过25万外交密电也以一份2.5MB文件的形式嵌入在130笔单独的比特币交易中,被记录在了区块链上。如何拓宽区块链不可篡改性的应用,解决其带来的问题,仍需更多的思考与研究。

1.3.6 匿名性

由于区块链各节点之间的数据交换遵循固定且预知的算法,其数据交互无须信任中介,可以基于地址而非个人身份进行,因此交易双方无须通过公开身份的方式让对方产生信任。故区块链技术解决了节点间信任问题,数据交换甚至交易均可在匿名的情况下进行。

"匿名"目前有两种主流的解释:第一种是完全隐藏个人身份,即在事务处理时不使用任何身份标识;第二种是相对的身份隐藏,即在事务处理时使用某种标识来代替真实身份,即创造一个"假名"或"假身份"来代替自己的真实身份,即非实名。按照第一种解释,区块链是不具有匿名性的,因为在交易中也需要使用身份标识,这个标识难以与真实身份对应,但并非完全不可能对应。区块链的匿名性符合第二种解释,即通过非实名的方式来达到相对匿名。区块链中每一个组织或个人使用一串无意义的数字来代替自己进行交易,这串数字就是地址,并且只要用户愿意,他就可以生成无数个地址。地址与真实信息是无关联的,即人们无法把地址与现实生活中的身份对应起来。

1.4 思考题

1. 区块链的定义是什么?
2. 简述区块链的各项基本概念。
3. 区块链与比特币的关系是什么?
4. 简述区块链的发展历程。
5. 区块链的特点是什么?

第 2 章 区块链体系架构

2.1 总体架构

区块链技术从最初的数字货币应用到更广泛的社会和经济领域，以其独特优势发展迅速。作为一种复杂的技术体系，区块链涉及多个功能和模块。分层架构能帮助更好地组织和理解区块链系统，自下向上将其划分为六个层次，包括数据层、网络层、共识层、激励层、合约层与应用层，每层负责特定的功能和责任，有助于更好地理解和解释主流的区块链架构。区块链六层体系结构如图 2-1 所示。

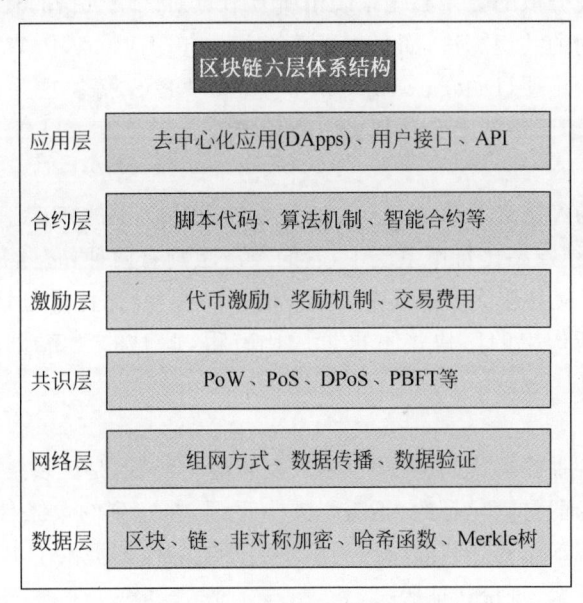

区块链六层体系结构	
应用层	去中心化应用(DApps)、用户接口、API
合约层	脚本代码、算法机制、智能合约等
激励层	代币激励、奖励机制、交易费用
共识层	PoW、PoS、DPoS、PBFT等
网络层	组网方式、数据传播、数据验证
数据层	区块、链、非对称加密、哈希函数、Merkle树

图 2-1 区块链六层体系结构

随着互联网的演进，Web 3.0 是潜在的下一个互联网阶段。在这个阶段，用户不再需要在不同中心化平台上创建多种身份，而是可以构建一个去中心化的通用数字身份体系，这个身份能够在各个平台上通用。因其核心特征是智能化和去中心化，区块链技术的出现为实现 Web 3.0 的愿景提供了关键可能性。通过去中心化的分布式账本和智能合约，实现数字资产的安全交易、智能合约的自动执行、数据的去中心化存储等功能，为 Web 3.0 带来新的机遇和挑战。

▶ 2.1.1 区块链六层体系结构

1. 数据层

数据层主要描述区块链底层数据结构的物理形式。在区块链系统设计之初，会创建一个起始节点，称为"创世区块"。新的区块通过一系列规则验证后不断被添加到链条上，从而不断延长链条。每个区块中包含许多技术，如时间戳用于保证区块按时间顺序连接，非对称加密用于保证安全性和所有权认证，哈希函数用于数据完整性验证，Merkle树用于高效地验证区块中的交易内容。

2. 网络层

网络层保证区块链网络中节点之间的信息交流。它涵盖了组网方式、数据传播协议和数据验证机制。通过P2P网络组织节点之间的连接，每个节点都以对等的地位相互交互，实现了去中心化的网络结构。数据传播协议确保新生成的区块数据能够被广播到全网其他节点进行验证。数据验证机制保证节点收到的数据有效性，只有有效数据才能被记录在区块链。

在区块链网络中，每个节点都有权创建新的区块。一旦新区块被创建，节点会以广播的方式通知其他节点，其他节点会对这个新区块进行验证，当网络中超过51%的节点验证通过后，新区块就能够被添加到主链上。网络层保证了区块链网络中的每个节点都可以平等地参与共识与记账。

3. 共识层

共识层保证在高度分散的去中心化系统中所有节点对区块数据的有效性达成共识。不同的区块链网络采用不同的共识算法，如工作量证明（Proof of Work，PoW）、权益证明（Proof of Stake，PoS）与授权股份证明（Delegated Proof of Stake，DPoS）等。这些共识算法通过节点之间的协作和竞争，保证了网络的安全性和去中心化特性。

4. 激励层

激励层使用一定的经济激励鼓励节点参与区块链网络的维护和管理工作。这里以比特币为例，对激励层进行介绍。在比特币系统中，它的经济激励有两种：一是新区块产生后系统奖励的比特币；二是每笔交易扣除的手续费。随着时间的推移，比特币总量逐渐增加，当比特币总量达到2100万时，新产生的区块将不再生成比特币，此时的经济激励主要来自交易的手续费。

5. 合约层

合约层主要包括各种脚本代码、算法机制以及智能合约等，是区块链可编程的基础。智能合约是基于区块链技术的自动化合约，不需要人为干预，在达到约束条件时自动触发执行，也可以在不满足条件时自动解约。智能合约为区块链系统的应用提供了丰富的功能更和应用场景，如数字资产交易、投票、身份认证等。

6. 应用层

应用层涵盖区块链的各种应用场景和案例。在应用层，区块链技术被广泛应用于各个行业和领域，包括金融、供应链管理、物联网、医疗等。通过区块链技术，可以实现诸如去中心化的数字货币交易、跨境支付、商品溯源、智能合约执行、数据共享和隐私保护等功能。例如，在金融领域，区块链技术可以用于建立去中心化的支付系统和智能合约平台，提高交易的透明度和安全性。

▶ 2.1.2　区块链与Web 3.0体系结构

Web 3.0被广泛认为是互联网的下一个演进阶段，其核心特征是智能化和去中心化。在Web 3.0中，用户可以拥有一个通用的数字身份，无须在每个平台重新创建，这使得用户之间的交互更为便捷。与此同时，Web 3.0下的互联网不仅支持用户之间直接交互信息，还能通过第三方平台整合不同网站的信息，提升了信息获取的效率。此外，Web 3.0还强调用户对自己数据的所有权，允许用户在不同网站上使用自己的数据，并且可以通过区块链进行审计和同步。相比之下，Web 2.0时代的互联网主要是中心化的，数据由平台控制，而Web 3.0则希望将数据权力回归用户，构建一个去中心化的生态系统。

区块链技术正是实现这一愿景的关键技术之一，在Web 3.0体系结构中，通过区块链的加密技术和分布式账本，用户拥有自己的数字身份，并在不同的应用场景中安全地验证身份，从而实现身份认证的去中心化和安全化，这对于保护个人隐私和确保身份安全至关重要。区块链的去中心化特性赋予了用户更大的数据所有权和隐私保护，通过区块链的分布式账本技术，用户可以更加安全地存储和管理自己的数据，而不再依赖于中心化的数据存储服务。

2.2 区块链分类

根据区块链的开放程度，可以将区块链系统分为私有链、公有链和联盟链。

▶ 2.2.1 私有链

私有链的写入权限受限于特定组织，目的在于限制读取权限或对外开放权限。私有链的特点主要体现在以下几方面。

交易速度快：私有链中少量节点具有高度信任度，无须每个节点验证交易，因此交易速度比公有链快得多。

更好的隐私保障：私有链中的数据不公开，只有特定权限的用户能够访问，提供了更高的隐私保护。

低成本交易：私有链上的交易可以完全免费或成本非常低。如果一个实体机构控制和处理所有交易，就不需要支付额外费用。

保护既有利益：银行和传统金融机构使用私有链可以保护其既有利益，确保原有的生态系统不受损害。

私有链的开放程度最低，是一种不对外开放、仅供内部人员使用、需要注册和身份认证的区块链系统，如图2-2所示。它可应用于企业的票据管理、财务审计、供应链管理等领域。私有链类似于公司的内部数据库，私有链不向外公开，对外部入侵视为非法行为。目前，许多知名大型集团正在开发自己的私有链，以满足其特定需求和业务场景。

图 2-2　区块链中的私有链

▶ 2.2.2 公有链

公有链是区块链世界中最为开放的一种形式，它不设限地对全世界任何人开放，允许任何人自由地读取、发送交易并参与共识过程，如图2-3所示。公有链的特点主要体现在以下几方面。

用户权力保护：在公有链中，程序开发者无法干涉用户的权力，区块链系统保障了用户的权益，使其免受开发者的影响。

低门槛访问：公有链对于参与者的要求非常宽松，任何拥有联网计算机的个人或组织都

公有链

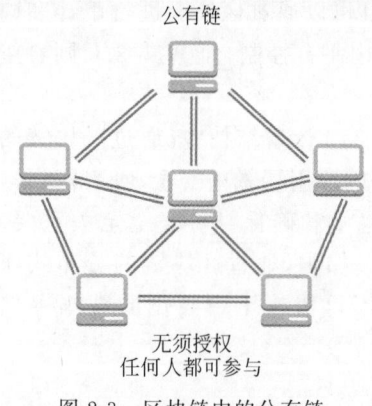

无须授权
任何人都可参与

图 2-3 区块链中的公有链

可以轻松地参与其中,无须特殊权限或门槛。

数据公开透明:公有链中的所有交易记录都是公开的,任何参与者都可以查看整个分布式账本中的所有交易信息,确保了数据的透明和公正性。

公有链的典型代表之一是比特币。比特币旨在解决全球支付领域的信任问题,因此它向所有人开放,任何人都可以成为比特币系统的一部分,成为节点、公证人、参与者或使用者。在公有链上,没有任何个人或机构可以篡改数据,因此公有链被认为是最值得信任的区块链项目之一。除比特币外,还有其他知名的公有链项目,如以太坊、柚子等,它们都以开放、透明、去中心化为核心特征,为用户提供了更加安全和可信赖的区块链生态系统。

▶ 2.2.3 联盟链

联盟链作为一种特殊形式的区块链,呈现出以下三个显著特点。

(1) 部分去中心化:联盟链采用部分去中心化的模式,权力集中在联盟成员手中,节点数量有限,达成共识方面较容易。

(2) 可控性强:联盟链的成员可以通过达成共识来修改区块数据,与公有链不同,联盟链允许在大部分成员达成共识的情况下进行数据更改。

(3) 数据访问权限受限:联盟链中的数据只对联盟内的机构和授权用户可见,不会默认公开。数据访问受到严格控制,只有授权的成员才能获取和使用联盟链中的数据,这种限制提供了更高的隐私和安全性。

联盟链作为一种独特的区块链形态,如图 2-4 所示,在各个领域都得到了广泛的应用。特别是在企业间的合作场景中,联盟链的优势更加凸显。举例来说,供应链金融是联盟链的一个重要应用场景。传统的供应链金融中,企业往往需要通过中介机构获取资金支持,但基于联盟链的供应链金融可以实现资金流动的透明化和快速结算,从而降低了中介环节的成本和风险。通过联盟链,各参与方可以实现供应链信息的共享,提升了合作伙伴间的信任度,进而获得更多的金融支持。此外,联盟链还可以在物流、医疗等领域发挥重要作用,为企业提供更加安全、高效的数据共享和交易服务。

联盟链

需要授权
权限在多个节点组成的机构中

图 2-4 区块链中的联盟链

2.3 主流架构

在当今的区块链领域,主流的架构涵盖了多种不同类型的区块链项目。这些项目包括比特币、以太坊、超级账本和 Fisco Bcos 等。比特币作为第一个区块链应用的代表,主要用于数字货币交易和价值存储,其去中心化的特性使得其成为了全球范围内的公认的数字黄金。以太坊则是一种智能合约平台,它引入了智能合约的概念,使得开发者可以构建去中心化应用(DApps),并且实现了更高程度的可编程性。超级账本是一个面向企业级应用的开源区块链平台，它提供了更多的企业级功能和解决方案，例如隐私保护、权限管理等，为企业级区块链应用提供了更加全面和可靠的支持。而 Fisco Bcos 是由中国金融业信息化发展中心主导的区块链平台，它专注于金融领域的应用，提供了高性能、高安全性的区块链解决方案，被广泛应用于金融行业的结算、供应链金融等方面。这些主流架构共同构成了当前区块链领域的核心技术和应用生态。

▶ 2.3.1 比特币

1. 介绍与背景

1）比特币的起源和发展历程

比特币是一种点对点的电子现金系统，于 2008 年由一个或一群化名为中本聪（Satoshi Nakamoto）的个人或组织提出。中本聪在当年发布了一部名为《比特币：一种点对点的电子现金系统》(Bitcoin: A Peer-to-Peer Electronic Cash System) 的白皮书，阐述了比特币的基本原理和工作机制。2009 年 1 月，中本聪发布了比特币的第一个软件版本，并挖出了创世区块（Genesis Block），比特币网络正式启动。

比特币的开发初期，大部分开发和改进工作由中本聪及其团队完成。2010 年，中本聪逐渐淡出比特币社区，比特币的开发工作逐步转交给了其他开发者。随着时间的推移，比特币逐渐吸引了更多的开发者和用户，其网络和生态系统也不断发展壮大。比特币从一个实验性项目逐步发展成为全球最具影响力的加密货币之一，具有广泛的应用和影响。

2）比特币的创始人及其开发团队

比特币的创始人中本聪至今仍然是一个谜团。中本聪这个名字可能代表一个人，也可能代表一个团队。在比特币的早期发展过程中，中本聪通过邮件和论坛与其他开发者交流，分享他的想法和技术细节。尽管中本聪的真实身份至今无人知晓，但他（或他们）的贡献无疑是巨大的。

中本聪在比特币社区的主要联系人之一是哈尔·芬尼（Hal Finney），一位著名的密码学家和软件开发者。芬尼是比特币早期的活跃成员，也是第一个收到比特币交易的人。除此之外，早期比特币社区的活跃成员还包括尼克·萨博（Nick Szabo）、魏·戴（Wei Dai）和加文·安德森（Gavin Andresen）等，他们在比特币的早期发展和推广中都发挥了重要作用。

3）比特币的目标和愿景

比特币的目标是创建一种去中心化的电子货币系统，让任何人都可以在没有第三方中介的情况下直接进行交易。中本聪设计比特币的初衷是解决传统金融系统中的一些问题，如高昂的交易费用、低效率和中心化控制等。比特币通过区块链技术，实现了点对点的交易，使得交易更加安全、透明和高效。

比特币的愿景是建立一个更加自由和开放的金融系统，赋予个人更多的财务自主权。比特币的去中心化特性使得它不受任何政府或机构的控制，从而避免了货币政策和金融监管对个人财富的影响。这种特性使比特币成为一种具有抗审查性和抗通胀属性的数字货币，吸引了越来越多的人使用和投资。

总体来说，比特币的目标和愿景不仅是成为一种数字货币，更是通过技术手段推动金融系统的变革，创建一个更加公平和自由的经济环境。随着比特币的发展和应用，它的影响力和重要性也在不断增加，逐渐改变着全球金融和经济的格局。

2. 核心技术和特点

1）比特币的区块链结构和共识机制

比特币的核心技术之一是区块链,它是一个分布式账本,用于记录所有比特币交易。区块链由一系列按时间顺序连接的区块组成,每个区块包含一组交易记录。区块链的结构使得数据篡改几乎不可能实现,因为每个区块都依赖于前一个区块的加密哈希值。比特币的区块结构如图 2-5 所示。

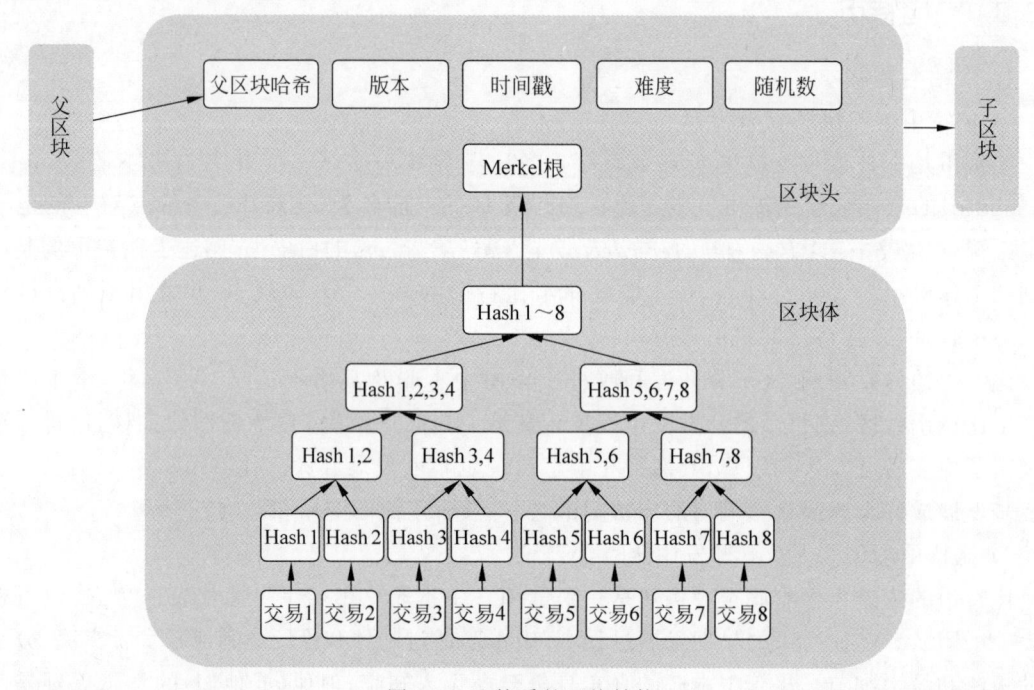

图 2-5　比特币的区块结构

比特币采用工作量证明(PoW)作为其共识机制,这是一种确保所有节点达成一致的算法。矿工通过解决复杂的数学问题来验证交易,并将其添加到区块链中。这些数学问题需要大量的计算资源来解决,成功解决问题的矿工会获得一定数量的比特币作为奖励。PoW 机制的设计初衷是为了防止双重支付和其他欺诈行为,同时确保区块链的安全性和完整性。

2）比特币的去中心化特点

比特币的去中心化特性是其最重要的特点之一。传统金融系统依赖于中心化的机构,如银行和支付处理商,而比特币则通过分布式网络运行,没有任何单一的控制实体。每个节点(矿工和普通用户)都拥有整个区块链的副本,并参与网络的交易验证和共识达成。

这种去中心化的设计带来了许多优势。首先,它提高了系统的抗审查性,因为没有任何机构可以单独控制或关闭比特币网络。其次,去中心化增强了系统的弹性和安全性,即使部分节点出现故障或被攻击,网络仍能继续运行。此外,去中心化还减少了中介费用,使得跨境交易和小额支付变得更加便捷和低成本。

3）比特币的匿名性和安全性

比特币的交易虽然公开记录在区块链上,但其设计使得用户身份可以保持匿名。每个用户在比特币网络中以地址(由一串字母和数字组成)进行交易,而不是使用真实身份。这种设计为用户提供了一定程度的隐私保护,使得他们可以在不透露个人信息的情况下进行交易。

然而,完全的匿名性并不总是保证,因为通过区块链分析技术,某些情况下可以将特定交易与用户身份关联起来。尽管如此,比特币仍然比传统的金融系统提供了更高的隐私保护水平。

比特币的安全性依赖于其加密算法和分布式网络结构。交易通过非对称加密技术进行签名,确保只有拥有私钥的用户才能发起交易。同时,区块链的分布式账本和工作量证明机制使得攻击者几乎不可能篡改交易记录或操纵网络。

总体来说,比特币的核心技术和特点,包括其区块链结构、工作量证明机制、去中心化特性以及匿名性和安全性,共同构建了一个可信赖的数字货币系统。这个系统不仅在技术上具有创新性,还在实践中展现出了强大的生命力和广泛的应用潜力。

3. 应用场景和实践案例

1) 数字货币交易和支付场景

比特币作为世界上第一个去中心化的数字货币,其最直接的应用场景就是作为一种交易和支付工具。自比特币诞生以来,已经有无数的交易平台和支付处理商支持比特币支付,用户可以使用比特币购买商品和服务。许多在线商店、实体零售商和服务提供商接受比特币付款,从电子产品、食品饮料到旅行和住宿等,覆盖了广泛的消费领域。

比特币的支付过程通常是通过扫描二维码或输入比特币地址完成的,交易确认时间一般为几分钟到一小时不等。与传统支付方式相比,比特币支付具有去中心化、低交易费用和跨境支付便捷等优势,尤其在国际汇款和跨国交易中展现了其独特的优势。比特币消除了中介机构的参与,降低了交易成本,并且在某些情况下,可以实现几乎即时的资金转移。

2) 比特币在投资领域的应用

比特币不仅是一种支付手段,也逐渐成为一种重要的投资资产。由于其总量固定在 2100 万枚,比特币被许多投资者视为一种抗通胀的"数字黄金"。从早期的科技爱好者到现在的主流金融机构,越来越多的投资者将比特币纳入他们的投资组合。

比特币的价格波动性虽然高,但长期来看,其价值呈现出显著的增长趋势。这吸引了大量的投机者和长期投资者。在金融市场中,除了直接购买和持有比特币外,还有各种金融产品和服务与比特币挂钩,如比特币期货、比特币 ETF(交易所交易基金)等,为投资者提供了更多的投资选择。

3) 比特币在非营利组织中的应用案例

比特币在非营利组织中也有着广泛的应用。一些非营利组织和慈善机构接受比特币捐赠,以利用其全球化和低费用的优势。比特币捐赠不仅可以降低跨国转账的成本,还能确保捐赠的透明度和可追溯性,这对于提高公众对非营利组织的信任度和捐赠意愿具有重要意义。

例如,"维基媒体基金会"自 2014 年以来接受比特币捐赠,用于支持其全球范围内的自由知识共享项目。比特币的透明性和不可篡改使得捐赠过程公开透明,每一笔捐赠都可以在区块链上查询到。此外,一些救灾组织和人权组织也使用比特币来接受国际捐赠,确保资金能够快速且无阻碍地到达需要帮助的地区和人群。

总之,比特币在交易和支付、投资以及非营利组织中的应用展示了其多样化的用途和广阔的前景。作为一种具有去中心化、低交易费用和高透明度特性的数字货币,比特币不仅在技术层面上带来了革新,也在实践中改变了人们的金融行为和社会捐赠模式。

4. 发展前景和挑战

1) 比特币的发展趋势和前景展望

比特币自 2009 年诞生以来,已经历了多个发展阶段,从早期的实验性项目到如今的主流投资工具和支付手段。未来,比特币的发展趋势有望继续呈现上升态势。首先,随着全球范围内对数字货币接受度的提高,比特币的使用场景将进一步扩大。不仅更多的在线和线下商户会接受比特币支付,甚至可能会有更多的国家和地区将比特币纳入法定货币或支付体系中。

其次,比特币作为一种投资资产,其"数字黄金"的属性将继续吸引投资者。随着传统金融机构和大型投资基金的介入,比特币市场的流动性和稳定性将有所提升。此外,比特币的技术基础——区块链技术,也在不断进步,例如闪电网络(Lightning Network)的开发和应用,有望大大提高比特币网络的交易速度和处理能力。

2) 比特币可能面临的技术挑战和风险

尽管前景广阔,比特币仍面临诸多技术挑战和风险。首先,比特币网络的扩展性问题仍然存在。比特币的区块链结构和共识机制限制了其交易处理速度和容量,当前的比特币网络每秒只能处理约 7 笔交易,这远低于传统支付网络的处理能力。尽管闪电网络等解决方案正在开发中,但其普及和稳定性还有待进一步验证。

其次,比特币的安全性问题依然是一个重要挑战。虽然区块链技术本身具有高度的安全性,但与之相关的交易所和钱包等环节却频繁受到黑客攻击和欺诈行为的威胁。用户的私钥管理不当、交易所安全措施不足等因素,都可能导致比特币资产的丢失和盗窃。

3) 比特币的监管和合规性问题

比特币的去中心化和匿名性特点,使得其在全球范围内的监管和合规性问题非常复杂。不同国家和地区对比特币的态度和政策各不相同,有些国家如日本和瑞士对比特币持开放和支持态度,而另一些国家如中国和印度则对比特币采取严格的限制和监管措施。这种政策的不一致性,给比特币的全球发展带来了不确定性。

此外,比特币的匿名性也引发了对其被用于非法活动的担忧,如洗钱、恐怖主义融资和逃避税收等。为了应对这些问题,许多国家正在加强对比特币交易的监管,要求交易平台进行 KYC(了解客户)和 AML(反洗钱)措施。这些监管要求虽然有助于规范比特币市场,但也可能影响其去中心化和匿名性的核心特点。

总体来说,比特币作为一种创新的数字货币,具有广阔的发展前景,但也面临着技术、风险和监管等多方面的挑战。如何在保持去中心化和匿名性优势的同时提升技术性能和安全性,并与各国的监管框架相适应,是比特币未来发展的关键问题。

▶ 2.3.2 以太坊

1. 介绍与背景

1) 以太坊的创始人及其背景

以太坊的创始人是 Vitalik Buterin,他是一位俄罗斯裔加拿大籍的编程天才。Buterin 在 2013 年提出了以太坊的概念,并在 2014 年与其他共同创始人一起启动了以太坊项目。Buterin 在区块链和加密货币领域有着丰富的研究和实践经验,他曾是《比特币杂志》的联合创始人和撰稿人。通过这些经历,他认识到比特币的区块链技术虽然有巨大潜力,但在功能和应用范围上存在局限性,这促使他开发一个更加灵活和功能丰富的平台,即以太坊。

2) 以太坊的发展历程和主要里程碑

以太坊的发展历程可以分为几个主要阶段:

(1) 2014 年:众筹和启动。

在 2014 年,以太坊进行了首次代币发行(ICO),筹集了超过 1800 万美元的资金。这次众筹标志着以太坊的正式启动，并为其开发和部署提供了资金支持。

（2）2015年：创世区块和正式发布。

2015年7月，以太坊创世区块（Genesis Block）生成，标志着以太坊主网正式上线。以太坊的第一个版本被称为Frontier。

（3）2016年：The DAO事件和硬分叉。

2016年，The DAO（去中心化自治组织）项目因智能合约漏洞遭到黑客攻击，导致数百万美元的以太币被盗。为了挽回损失，以太坊社区决定进行硬分叉，分裂出两个区块链：以太坊（ETH）和以太坊经典（ETC）。

（4）2017年：Metropolis升级。

Metropolis升级分为Byzantium和Constantinople两个阶段，旨在提升以太坊网络的性能、安全性和可扩展性。

（5）2020年：Eth2.0和信标链（Beacon Chain）启动。

2020年12月，以太坊2.0的第一阶段启动，引入了信标链，标志着以太坊从工作量证明（PoW）向权益证明（PoS）过渡的开始。这次升级旨在提高网络的可扩展性、安全性和能源效率。

（6）2023年：以太坊在非同质化代币（NFT）领域的应用。

2023年，NFT市场迎来了爆发式增长。NFT是建立在以太坊平台上的独特数字资产，能够表示艺术品、音乐、游戏道具等多种形式。以太坊的智能合约功能和去中心化交易所为NFT的繁荣提供了坚实的基础。

3）以太坊的发展目标和愿景

以太坊的愿景是成为一个去中心化的全球计算平台，支持去中心化应用（DApps）和智能合约。以太坊的目标是通过其图灵完备的编程语言，使开发者能够在区块链上创建和部署各种复杂的应用程序，而不仅仅局限于加密货币交易。

（1）去中心化应用平台。

以太坊旨在提供一个去中心化的应用平台，允许开发者创建和运行无须信任第三方的应用。这种去中心化的特性可以应用于金融服务、供应链管理、投票系统等多个领域。

（2）智能合约执行。

以太坊的核心创新之一是智能合约，这些自执行的代码在满足特定条件时自动运行。智能合约的应用范围非常广泛，可以用于自动化合约执行、去中心化金融（Decentralized Finance，DeFi）等。

（3）全球计算机。

以太坊希望成为全球分布式计算机，通过区块链技术提供安全、透明和防篡改的计算资源。这个全球计算机可以使应用程序在一个完全去中心化和分布式的环境中运行，无须依赖单一的服务器或中介机构。

2．核心技术和特点

1）以太坊的智能合约功能和编程语言

以太坊最具标志性的创新是其智能合约功能。智能合约是运行在以太坊区块链上的自动化协议，它们能够在满足特定条件时自动执行预定的任务，确保各方遵守协议条款。智能合约由代码编写，一旦部署到区块链上，就变得不可更改，从而保证了合同的执行和透明度。智能合约结构如图2-6所示。以太坊主要使用一种称为Solidity的高级编程语言来编写智能合约，此外还支持Vyper等其他编程语言。Solidity类似于JavaScript，易于理解和使用，使得开发者可以快速上手并创建复杂的DApps。

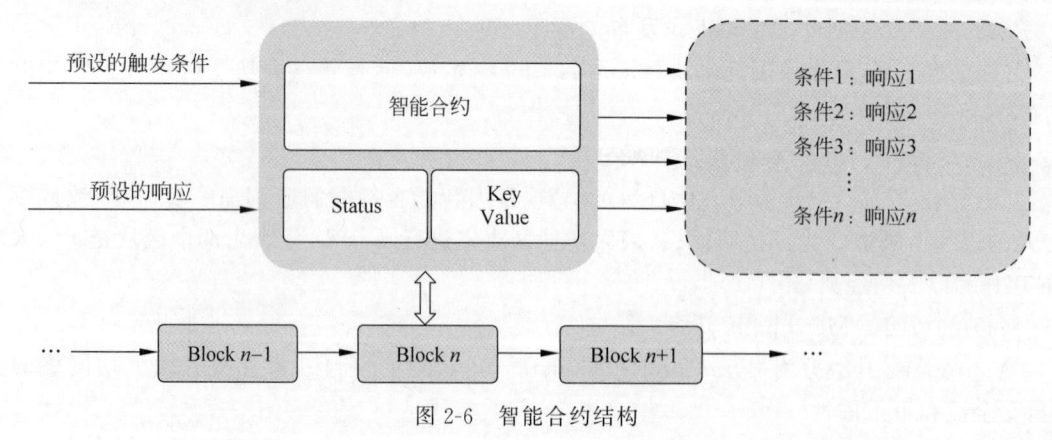

图 2-6 智能合约结构

2）以太坊的虚拟机和区块链架构

以太坊引入了以太坊虚拟机（Ethereum Virtual Machine，EVM），这是一个图灵完备的虚拟机，负责执行智能合约和DApps。EVM在以太坊网络的每个节点上运行，确保所有节点对智能合约的执行达成共识。EVM的图灵完备性意味着它可以执行任何计算任务，只要提供足够的资源。每个智能合约在EVM中执行时，都消耗燃料（Gas），这是一种计算费用，防止网络资源被滥用。

以太坊的区块链架构包括账户、交易、合约和区块四个基本要素。与比特币的UTXO（未花费交易输出）模型不同，以太坊采用账户模型，每个账户有余额、存储和代码空间。账户分为外部账户（由用户控制）和合约账户（由智能合约控制）。交易是用户发起的账户之间的操作，而区块则包含一组交易并由矿工打包和验证。

3）以太坊的去中心化应用开发平台

以太坊不仅是一种加密货币，更是一个强大的去中心化应用开发平台。它的去中心化特性使开发者能够创建和部署不依赖于任何中心化服务器的DApps。这些应用程序在区块链上运行，不会受到单点故障的影响，具有高可用性和防篡改的特性。

以太坊的平台支持各种去中心化应用，从金融服务（如DeFi）到供应链管理、游戏、社交媒体和治理系统。开发者可以利用以太坊提供的工具和基础设施，如智能合约、EVM和开发框架（如Truffle、Remix等），快速构建和部署DApps。此外，以太坊2.0的升级计划将通过引入分片技术和权益证明（PoS）机制，提高网络的可扩展性和效率，进一步增强以太坊作为去中心化应用开发平台的能力。

3. 应用场景和实践案例

1）去中心化金融（DeFi）应用在以太坊上的发展

以太坊作为DeFi的主要平台，推动了传统金融系统的变革。DeFi应用程序利用智能合约实现了无须中介的金融服务，包括借贷、交易、储蓄和保险等。用户可以在全球范围内直接进行金融交易，而不需要依赖传统银行和金融机构。这种去中心化的方式不仅提高了金融服务的透明度和效率，还降低了成本。Uniswap、Aave、Compound等都是在以太坊上运行的知名DeFi项目，它们为用户提供了去中心化的交易、借贷和收益农耕等服务。随着DeFi生态系统的不断扩展，以太坊已经成为创新金融产品和服务的重要平台。

2）以太坊在游戏和数字资产领域的应用

以太坊在游戏和数字资产领域也展现出巨大的潜力。区块链技术使得游戏中的数字资产

（如虚拟物品、角色和货币）可以真正为玩家所拥有，并在不同游戏和平台之间互通。以太坊上的智能合约确保了这些资产的稀缺性和唯一性，防止被复制或篡改。CryptoKitties 是早期的成功案例之一，这款游戏允许玩家购买、繁殖和交易独特的虚拟猫，并推动了非同质化代币（NFT）的兴起。如今，NFT 已经扩展到艺术、音乐、体育等多个领域，成为数字资产的重要形式。Axie Infinity 等区块链游戏通过结合 NFT 和 DeFi 元素，不仅提供了娱乐价值，还创造了新的经济模式。

3）以太坊在供应链和溯源领域的应用案例

以太坊在供应链和溯源领域的应用同样值得关注。区块链技术的透明性和不可篡改，使其非常适用于追踪产品的生产、运输和销售过程。通过在以太坊上记录和验证每个环节的数据，企业和消费者可以确保产品的来源和质量，从而提高供应链的透明度和效率。VeChain 是一个在供应链管理中应用以太坊技术的典型案例，它通过区块链技术为食品、药品、奢侈品等行业提供溯源解决方案。沃尔玛等大型企业也在利用以太坊和区块链技术来追踪食品供应链，确保食品安全并提高响应速度。

以太坊作为一个灵活且强大的区块链平台，支持广泛的应用场景，从去中心化金融、游戏到供应链管理。通过智能合约和去中心化应用，不仅推动了这些领域的创新和发展，还为解决传统系统中的问题提供了有效的解决方案。

4. 发展前景和挑战

1）以太坊 2.0 的升级和发展规划

以太坊 2.0 是以太坊网络的重大升级，旨在解决当前版本面临的可扩展性和效率问题。这个升级分多个阶段进行，主要包括以下几方面：首先，引入了权益证明（PoS）机制，以替代目前的工作量证明（PoW）。PoS 机制通过减少能源消耗和提高交易处理速度，使得网络更加环保和高效。其次，以太坊 2.0 采用了分片技术（Sharding），将区块链分成多个部分（分片）以并行处理大量交易，从而大幅提升网络的可扩展性。最后，以太坊 2.0 还计划增强智能合约的执行效率和安全性，通过优化虚拟机（EVM）和改进编程语言来提高开发体验和应用性能。这些升级将显著提升以太坊网络的能力，为更多复杂和高频的去中心化应用提供支持。

2）以太坊面临的可扩展性和性能挑战

尽管以太坊 2.0 的规划雄心勃勃，但在实现过程中仍面临诸多挑战。当前的以太坊网络经常因交易量大而出现拥堵，导致交易费用高昂和处理速度减慢。虽然 PoS 和分片技术有望解决这些问题，但其实现难度较大，需要确保在转换过程中网络的安全性和稳定性。具体而言，分片技术需要解决跨分片交易的复杂性，确保各分片之间的数据一致性和网络安全。此外，网络的过渡过程也需要保持平滑，避免因兼容性问题而导致的系统故障或用户数据丢失。

3）以太坊生态系统的竞争和合作格局

以太坊在区块链生态系统中占据重要地位，但也面临来自其他区块链平台的激烈竞争。像 Polkadot、Cardano、Solana 等新兴区块链平台通过不同的技术路线和优化策略，吸引了大量开发者和用户，挑战了以太坊的市场份额。这些平台往往在可扩展性、交易速度和费用上具有优势，对以太坊构成直接威胁。然而，以太坊凭借其庞大的社区和成熟的开发工具，依然保持着强大的竞争力。

此外，以太坊生态系统内部的合作也在不断深化。以太坊基金会积极与全球各地的研究机构、开发团队和企业合作，共同推动技术创新和应用落地。例如，企业以太坊联盟（Enterprise Ethereum Alliance，EEA）致力于将以太坊技术应用于企业级解决方案，促进各行业的区块链应用。通过开放合作和不断创新，以太坊有望在激烈的市场竞争中继续保持领先地位，推动去中心化互联网的发展。

综合来看，以太坊2.0的升级和发展规划为其未来奠定了坚实基础，但其实现过程中的可扩展性和性能挑战不容忽视。同时，以太坊在激烈的竞争环境中，通过合作和创新不断巩固其生态系统的优势，为去中心化应用的广泛落地提供了强有力的支持。

▶ 2.3.3 超级账本

1. 介绍与背景

1）超级账本项目的发起机构和发展历程

超级账本（Hyperledger）项目由Linux基金会于2015年12月发起，旨在推动跨行业的区块链技术及其应用的发展。最初，超级账本由数字资产（Digital Asset Holdings）和IBM等多家公司共同提出，得到了广泛的行业支持。项目启动后不久，Intel、J. P. 摩根、Accenture、SAP和其他重要行业参与者纷纷加入，迅速扩展了超级账本的影响力和开发力度。超级账本并不是一个单一的区块链平台，而是一个由多个区块链框架和工具组成的生态系统，包括Hyperledger Fabric、Hyperledger Sawtooth、Hyperledger Iroha等。

2）超级账本的核心团队和贡献者

超级账本项目汇集了来自全球各地的技术专家、开发人员和学术研究人员，形成了一个多样化且协作密切的核心团队。这些成员不仅来自发起机构和主要支持公司，如IBM、Intel和SAP等，还包括许多独立开发者和研究人员，他们共同为项目的发展做出贡献。超级账本项目通过其开源社区吸引了众多贡献者，社区成员通过代码贡献、文档编写、测试和用户支持等多种形式参与项目。

3）超级账本的目标和愿景

超级账本的主要目标是为企业级应用构建一个开放、透明和高效的区块链基础设施，解决企业在使用区块链技术时面临的隐私、安全、性能和互操作性等问题。通过提供一系列模块化的区块链框架和工具，超级账本旨在满足不同商业需求，支持从金融服务到供应链管理等各种应用场景。

超级账本的愿景是通过推动区块链技术的标准化和广泛应用，促进商业流程的优化和创新，推动数字化转型，最终实现一个更加高效、安全和可信赖的商业生态系统。该项目致力于建立一个全球性的协作平台，汇聚各方力量，共同推动区块链技术的演进和普及。

2. 核心技术和特点

1）超级账本的共识算法和智能合约支持

超级账本采用多种共识算法，以满足不同应用场景的需求。Hyperledger Fabric是超级账本项目中的一个重要框架，使用了可插拔的共识机制。默认情况下，Fabric采用Kafka和Raft等共识算法，这些算法能提供高吞吐量和低延迟的交易处理。此外，超级账本还支持PBFT（Practical Byzantine Fault Tolerance，实用拜占庭容错）等更高级的共识算法，增强系统的安全性和容错能力。

在智能合约方面，超级账本提供了丰富的支持。Fabric引入了链码（Chaincode）的概念，链码是运行在区块链网络上的智能合约，开发者可以使用多种编程语言（如Go、Java和JavaScript）编写链码。这种多语言支持使得开发人员可以利用自己熟悉的编程语言编写和部署智能合约，从而降低了开发门槛，提高了开发效率。

2) 超级账本的模块化架构和插件化设计

超级账本的模块化架构是其显著特点之一。这种架构允许各组件独立开发、更新和部署，极大地提高了系统的灵活性和可扩展性。例如，Hyperledger Fabric 的架构设计包括了可插拔的共识机制、成员服务提供者（Membership Service Provider，MSP）、链码（智能合约）和数据存储等模块。每个模块都可以根据具体应用需求进行替换或定制，确保系统能够灵活适应不同的业务场景。

此外，超级账本采用插件化设计，使得开发者和企业用户可以根据需求增加或替换不同的功能模块，如共识算法、身份管理、访问控制等。这种设计不仅增强了系统的可扩展性和灵活性，还简化了系统的维护和升级过程。

3) 超级账本的联盟链和私有链部署方案

超级账本特别适合联盟链和私有链的部署。联盟链是指由多个组织共同维护的区块链网络，各参与方之间互相信任但不完全信任，因此需要一个受控的环境来管理访问权限和交易验证。Hyperledger Fabric 的模块化架构和灵活的权限管理机制，使其非常适用于联盟链的构建。

在私有链方面，超级账本提供了强大的隐私保护和数据隔离功能。Hyperledger Fabric 支持通道（Channel）机制，通过通道，可以在同一个网络中创建多个逻辑区块链，每个通道上的交易是独立的且彼此隔离，只有被授权的参与者才能访问。这种设计确保了在私有链环境中敏感数据的安全性和隐私性。

总的来说，超级账本通过其先进的共识算法、智能合约支持、模块化架构和灵活的部署方案，提供了一个强大而灵活的平台，满足了企业在不同区块链应用场景中的需求。

3. 应用场景和实践案例

1) 超级账本在企业级供应链管理中的应用

超级账本在企业级供应链管理中的应用显著提升了透明度和效率。通过区块链技术，各供应链参与方可以实时共享和验证交易数据，从而减少信息不对称和欺诈行为。以 Hyperledger Fabric 为例，其模块化架构和可插拔的共识机制使其能够适应复杂的供应链环境。

例如，沃尔玛利用 Hyperledger Fabric 构建了食品溯源系统，通过区块链记录每一个食品产品的生产、加工和运输信息，实现了从农场到餐桌的全程追溯。这不仅提高了供应链的透明度，还增强了食品安全管理能力。当发生食品安全问题时，沃尔玛能够快速追踪到问题源头，进行有效的召回和处理。

2) 超级账本在金融机构间结算和清算领域的应用

超级账本在金融机构间结算和清算领域的应用，极大地提高了交易效率和安全性。传统的跨机构结算和清算过程通常涉及多个中介机构，流程复杂且时间较长。而通过超级账本，可以实现去中心化的分布式账本记录，简化流程，减少中介环节，降低成本。

例如，汇丰银行和 ING 银行利用 Hyperledger Fabric 开发了一个贸易融资平台，通过区块链技术实现实时结算和清算。这个平台减少了交易确认和对账的时间，降低了运营风险，并提高了交易透明度。此外，该平台还采用智能合约技术，自动执行交易条款，进一步提升了效率和安全性。

3) 超级账本在政府机构和医疗行业的实践案例

超级账本在政府机构和医疗行业的应用，展示了区块链技术在提升公共服务和医疗管理方面的巨大潜力。在政府部门，区块链技术被用于提高数据管理的透明度和安全性，减少腐败和错误。例如，爱沙尼亚政府使用 Hyperledger Fabric 开发了一个电子居民身份管理系统，通过区块链记录居民的身份信息和公共服务记录，确保数据的完整性和安全性。

在医疗行业，超级账本的应用主要集中在医疗数据共享和药品追溯领域。例如，美国医疗保健服务公司（Health Care Service Corporation，HCSC）采用 Hyperledger Fabric 构建了一个医疗数据交换平台。这个平台允许不同医疗机构安全共享患者的医疗记录，提高了医疗服务的效率和质量。同时，通过区块链技术，可以确保医疗数据在共享过程中的隐私和安全。

综上所述，超级账本在多个行业的应用案例显示了其强大的适应性和创新能力。通过提升数据透明度、提高交易效率和增强安全性，超级账本正在不断推动各行业的数字化转型和发展。

4. 发展前景和挑战

1）超级账本在区块链标准化和行业合作中的地位

超级账本在区块链标准化和行业合作中占据了重要地位。作为一个由 Linux 基金会主导的开源项目，超级账本致力于推动区块链技术的标准化。通过提供模块化和可互操作的框架，超级账本促进了不同区块链平台之间的兼容性和协同工作。

超级账本的多项目生态系统，包括 Hyperledger Fabric、Hyperledger Sawtooth 等，不仅满足了不同应用场景的需求，还推动了区块链技术的广泛采用。超级账本积极参与各种行业联盟和标准化组织，如 ISO（国际标准化组织）和 IEEE（电气电子工程师学会），共同制定和推广区块链技术标准。这些合作加强了超级账本在行业中的影响力，使其成为推动区块链技术标准化的重要力量。

2）超级账本在全球范围内的部署和推广计划

超级账本在全球范围内的部署和推广计划展示了其广泛的应用潜力和市场影响力。通过与各国政府、企业和学术机构合作，超级账本已经在多个国家和地区得到应用和推广。

例如，超级账本在亚太地区、欧洲和北美都有重要的部署案例。在中国，超级账本与多个地方政府和企业合作，推动区块链在金融、供应链和公共服务等领域的应用。在欧洲，超级账本与多个金融机构和研究机构合作，促进区块链技术在金融和医疗等行业的应用创新。在北美，超级账本的应用涵盖了从农业到制造业等多个领域，通过与行业领先企业合作，推动区块链技术的落地和普及。

为了进一步加速全球推广，超级账本还积极开展培训和教育项目，通过在线课程、研讨会和开发者大会等形式，培养区块链技术人才，推动技术的普及和应用。

3）超级账本面临的技术挑战和市场竞争

尽管超级账本在区块链领域取得了显著成就，但仍面临着一系列技术挑战和市场竞争。

技术挑战方面，超级账本需要不断改进其区块链平台的性能和可扩展性，以应对大规模商业应用的需求。例如，如何在保持去中心化和安全性的前提下，提高交易处理速度和网络吞吐量，仍然是一个重要课题。此外，超级账本需要继续完善其智能合约功能，确保智能合约的安全性和灵活性，防止潜在的漏洞和攻击。

在市场竞争方面，超级账本面临来自其他区块链平台的竞争，如以太坊（Ethereum）、Corda 和 Quorum 等。每个平台都有其独特的优势和应用场景，超级账本需要不断创新和优化，以保持其竞争力。特别是在金融和供应链等关键领域，超级账本需要证明其技术优势和商业价值，以吸引更多的用户和合作伙伴。

总之，超级账本在区块链标准化和行业合作中具有重要地位，并在全球范围内积极推广和应用。然而，面对技术挑战和市场竞争，超级账本需要持续创新和优化，才能在快速发展的区块链领域中保持领先地位。

▶ 2.3.4 Fisco Bcos

1. 介绍与背景

1）Fisco Bcos 的发起机构和背景介绍

Fisco Bcos 是由金融区块链深圳联盟（Financial Blockchain Shenzhen Consortium，FISCO）发起的开源区块链平台。FISCO 是由中国多家知名金融机构和科技公司联合成立的行业联盟，旨在推动区块链技术在金融行业的应用和发展。作为 FISCO 的核心项目之一，Fisco Bcos 于 2017 年正式启动，其目标是为金融机构和企业提供一个高效、安全和灵活的区块链基础设施。

2）Fisco Bcos 的开发历程和主要贡献者

Fisco Bcos 的开发始于 2017 年，由平安集团旗下的金融壹账通牵头，联合微众银行、华为、腾讯、深证证券交易所等多家机构共同开发。开发团队汇集了众多区块链领域的专家和技术人员，确保了平台的高标准和高质量。

在开发过程中，Fisco Bcos 不断进行技术迭代和优化，发布了多个重要版本。每个版本的发布都伴随着性能提升、功能扩展和安全性的增强。例如，Fisco Bcos 引入了创新的共识算法、高效的智能合约执行引擎和灵活的权限管理机制，使其在性能、安全性和易用性方面都达到了业内领先水平。

3）Fisco Bcos 的发展目标和愿景

Fisco Bcos 的发展目标是打造一个开放、共赢的区块链生态系统，促进区块链技术在金融和其他行业的广泛应用。具体而言，Fisco Bcos 致力于以下几方面。

推动区块链技术的普及和应用：通过提供一个易于使用且功能强大的区块链平台，帮助金融机构和企业快速部署和应用区块链技术，提升业务效率和透明度。

构建安全可靠的区块链基础设施：Fisco Bcos 注重平台的安全性和稳定性，通过先进的共识算法、加密技术和权限管理机制，确保平台能够应对各种复杂业务场景的需求。

促进区块链技术的标准化和合作：Fisco Bcos 积极参与国内外区块链标准化组织和行业联盟的工作，推动区块链技术的标准化和互操作性，促进不同区块链平台之间的合作和协同。

构建开放的区块链生态系统：Fisco Bcos 倡导开放合作，鼓励更多的企业和开发者参与到平台的建设和应用中，共同推动区块链技术的发展和创新。

总的来说，Fisco Bcos 以其强大的技术实力和广泛的行业支持，致力于成为一个全球领先的区块链平台，为各行各业的数字化转型提供坚实的技术基础和广阔的发展前景。

2. 核心技术和特点

1）Fisco Bcos 的 BFT 共识算法和 PBFT 改进版本

Fisco Bcos 采用拜占庭容错（BFT）共识算法，这种算法具有高容错性和安全性，适合多方参与的区块链网络。特别是，Fisco Bcos 实现了一种改进的实用拜占庭容错（PBFT）算法。传统 PBFT 算法在处理交易时需要多轮消息交换，导致其在大规模节点网络中的效率受限。Fisco Bcos 对 PBFT 算法进行了优化，通过减少消息复杂度和引入更高效的广播机制，提高了共识效率和系统吞吐量。改进后的 PBFT 共识算法能够在保证安全性的同时，支持更高的交易处理速度和更大规模的网络节点。

2) Fisco Bcos 的智能合约功能和跨链互操作性

Fisco Bcos 提供强大的智能合约功能,支持多种编程语言(如 Solidity、JavaScript 等),便于开发者编写和部署智能合约。智能合约在 Fisco Bcos 平台上运行高效、可靠,能够实现自动化的业务逻辑执行和可信的合约管理。为了提高开发效率,Fisco Bcos 还提供了丰富的开发工具和调试环境,帮助开发者快速构建和测试智能合约。

跨链互操作性是 Fisco Bcos 的另一大技术特点。Fisco Bcos 实现了与其他区块链平台(如以太坊、Hyperledger Fabric 等)的跨链互操作,通过跨链协议和桥接技术,支持不同区块链之间的数据交换和业务协同。这种跨链能力不仅扩展了 Fisco Bcos 的应用场景,还促进了区块链技术的互联互通和生态系统的融合发展。

3) Fisco Bcos 的隐私保护和数据安全机制

隐私保护和数据安全是 Fisco Bcos 的重要技术优势之一。Fisco Bcos 采用了多层次的隐私保护机制,确保用户数据在链上的安全性和私密性。具体包括如下。

零知识证明:Fisco Bcos 引入了零知识证明技术,使得用户可以在不暴露具体数据的情况下证明其拥有某些信息,从而保护敏感数据的隐私。

同态加密:同态加密允许在加密数据上执行计算,并且解密后得到的结果与直接在明文数据上计算的结果一致。这种技术确保了数据在传输和处理过程中的安全性,防止未经授权的访问和篡改。

数据隔离:通过多种机制实现数据隔离,确保只有获得授权的参与方才能访问和操作特定的数据,从而保护数据的机密性和完整性。

访问控制:Fisco Bcos 提供了灵活的访问控制机制,可以根据业务需求设定不同的权限级别和访问规则,确保数据访问的合规性和安全性。

总之,Fisco Bcos 通过创新的共识算法、强大的智能合约功能、跨链互操作性以及多层次的隐私保护和数据安全机制,提供了一个高效、安全和灵活的区块链平台,满足了不同业务场景下的多样化需求。

3. 应用场景和实践案例

1) Fisco Bcos 在金融行业的区块链应用场景

Fisco Bcos 在金融行业的区块链应用场景非常广泛,涵盖了支付结算、贸易融资、资产管理等多个领域。

支付结算:Fisco Bcos 可以实现实时、透明和低成本的支付结算。通过区块链技术,各金融机构之间可以共享一个去中心化的账本,避免重复对账,提高结算效率。例如,微众银行基于 Fisco Bcos 开发的跨行支付平台,实现了不同银行之间的实时清算和结算,大大降低了交易成本,减少了交易时间。

贸易融资:在贸易融资领域,Fisco Bcos 通过智能合约技术实现了贸易流程的自动化和透明化。金融机构可以通过区块链共享贸易相关的票据、合同和信用证等文件,减少中间环节和欺诈风险,提高融资效率和安全性。平安集团旗下的金融壹账通利用 Fisco Bcos 打造了一个贸易融资平台,帮助中小企业获得更便捷和可信的融资服务。

资产管理:Fisco Bcos 支持资产的数字化和链上交易,提升了资产管理的透明度和流动性。通过区块链,金融机构可以将各类资产(如股票、债券、不动产等)进行数字化处理,并在链上进行安全、透明和高效的交易。Fisco Bcos 的资产管理解决方案帮助金融机构降低了操作风险,提升了资产管理效率。

2) Fisco Bcos 在政府机构和大型企业的实践案例

Fisco Bcos 在政府机构和大型企业中的实践案例展示了其广泛的应用潜力和价值。

政府机构：Fisco Bcos 在政府部门的应用主要集中在公共服务和数据管理领域。通过区块链技术，政府可以实现数据的高效共享和透明管理，减少行政成本，提高服务质量。例如，深圳市政府利用 Fisco Bcos 建立了一个区块链电子政务平台，实现了各部门间的数据共享和协同办公，提高了行政效率和透明度。

大型企业：在大型企业中，Fisco Bcos 被用于供应链管理、跨境贸易和数据共享等多个领域。华为利用 Fisco Bcos 构建了一个供应链金融平台，通过区块链记录供应链上的各类交易数据，确保数据的真实性和不可篡改性，帮助供应链上的中小企业获得更便捷的金融服务。此外，腾讯基于 Fisco Bcos 开发的区块链跨境贸易平台，实现了跨境贸易流程的数字化和自动化，提升了贸易效率和透明度。

3) Fisco Bcos 在物联网和数字身份管理领域的应用探索

Fisco Bcos 在物联网(Internet of Things,IoT)和数字身份管理领域也进行了积极的探索和应用。

物联网：在物联网领域，Fisco Bcos 通过区块链技术实现设备间的可信通信和数据共享。区块链的不可篡改和分布式特性，确保了物联网设备生成和传输的数据的安全性和完整性。例如，华为利用 Fisco Bcos 开发了一个物联网平台，通过区块链记录设备数据和交互日志，实现了设备的身份认证和数据追踪，提升了物联网系统的安全性和可靠性。

数字身份管理：在数字身份管理方面，Fisco Bcos 提供了一种去中心化的身份验证和管理方式。通过区块链技术，用户可以自主掌控自己的身份信息，并在需要时授权给第三方使用。这个过程中，区块链确保了身份数据的安全和隐私。例如，平安集团利用 Fisco Bcos 开发了一个数字身份认证平台，用户可以通过区块链存储和管理自己的身份信息，实现便捷、安全的身份验证和授权服务。

总的来说，Fisco Bcos 在金融、政府、企业、物联网和数字身份管理等多个领域的应用实践，展示了其强大的技术能力和广泛的应用前景。通过不断创新和优化，Fisco Bcos 正推动区块链技术在各行各业的深入应用和发展。

4．发展前景和挑战

1) Fisco Bcos 在区块链标准制定和行业认可方面的影响力

Fisco Bcos 在区块链标准制定和行业认可方面具有显著的影响力。作为由金融区块链深圳联盟(FISCO)发起的项目，Fisco Bcos 不仅在国内区块链技术标准化进程中发挥了重要作用，还积极参与国际区块链标准化组织的工作。Fisco Bcos 的技术规范和实践经验为制定区块链技术标准提供了重要参考，推动了区块链技术在金融、政府、企业等领域的规范化和标准化应用。

此外，Fisco Bcos 的广泛应用和成功案例得到了行业的高度认可。通过与各大金融机构、科技企业和政府部门的合作，Fisco Bcos 展示了其在技术创新、应用落地和生态建设方面的综合实力。这些成功实践不仅提升了 Fisco Bcos 在区块链行业中的地位，也增强了其在全球区块链技术社区中的影响力。

2) Fisco Bcos 在中国以及全球范围内的部署和推广计划

Fisco Bcos 在中国以及全球范围内的部署和推广计划，显示了其扩展区块链技术应用的雄心壮志。Fisco Bcos 已经在中国多个省市和行业中得到应用，包括金融、公共服务、供应链管理等领域。通过与地方政府和行业龙头企业的合作，Fisco Bcos 不断拓展其应用场景和市场覆盖面。

在全球范围内，Fisco Bcos 积极拓展国际合作，与各国的区块链技术组织、研究机构和企业开展合作交流，推动区块链技术的国际化应用。Fisco Bcos 的全球推广计划包括技术输出、标准合作和项目实施等多方面内容，旨在通过共享技术成果和应用经验，推动区块链技术在全球范围内的普及和发展。

3) Fisco Bcos 面临的技术挑战和市场竞争策略

尽管 Fisco Bcos 在区块链领域取得了显著成就，但仍面临一系列技术挑战和市场竞争。技术挑战如下。

（1）性能和可扩展性：随着区块链应用规模的扩大，Fisco Bcos 需要不断优化其平台的性能和可扩展性，以满足大规模交易处理和数据存储的需求。

（2）安全性和隐私保护：区块链技术在安全性和隐私保护方面面临诸多挑战，Fisco Bcos 需要持续改进其加密算法、共识机制和数据保护技术，以确保平台的安全可靠。

（3）跨链互操作性：不同区块链平台之间的互操作性是实现区块链生态系统融合的关键。Fisco Bcos 需要进一步增强其跨链技术能力，促进区块链之间的数据交换和业务协同。

市场竞争策略如下。

（1）技术创新：通过持续的技术创新，Fisco Bcos 在区块链共识算法、智能合约、隐私保护等关键技术领域保持领先优势，提升平台的竞争力。

（2）生态合作：构建开放共赢的区块链生态系统，通过与各行业的合作伙伴共同开发和推广区块链应用，扩大市场影响力和用户基础。

（3）国际化发展：积极拓展国际市场，通过技术输出和合作项目，提升 Fisco Bcos 在全球区块链市场中的知名度和应用广度。

（4）标准化推动：继续参与国内外区块链标准化组织的工作，推动区块链技术的标准化和规范化，增强 Fisco Bcos 在行业中的话语权和影响力。

总之，Fisco Bcos 在区块链标准制定、技术创新、市场推广和生态建设方面具有广阔的发展前景。通过应对技术挑战和制定有效的市场竞争策略，Fisco Bcos 有望在区块链领域保持领先地位，推动区块链技术的广泛应用和健康发展。

2.4 思考题

1. 区块链六层体系结构的各层功能和相互关系是什么？
2. 区块链与 Web 3.0 的结合带来了哪些新兴应用？
3. 私有链、公有链和联盟链的区别及其适用场景是什么？
4. 比特币、以太坊、超级账本和 Fisco Bcos 的主要技术特点是什么？
5. 如何解决区块链的扩展性和隐私保护问题？

第 3 章 区块链的密码学技术

3.1 区块链中的密码学概述

　　密码学是研究编制密码和破译密码的技术科学。研究密码变化的客观规律，应用于编制密码以保守通信秘密的，称为编码学；应用于破译密码以获取通信情报的，称为破译学。编码学和破译学总称为密码学。密码学的发展大致分为三个阶段：古典密码、近代密码和现代密码。

　　古典密码学起源于人类早期对隐秘通信的需求。早在公元前 400 多年，人类就已经开始使用密码。古典密码学采用的技术相对简单，主要依赖于代换和置换技术，例如著名的凯撒密码和维吉尼亚密码等。近代密码是指在第一次世界大战和第二次世界大战期间的密码发展阶段。随着电报的发明，密码学的应用范围进一步扩大。这一时期涌现出许多经典密码，例如 Vernam 密码和轮转密码等，用于保护重要情报的传输。1949 年，克劳德·香农（Claude Shannon）发表了题为《保密系统的通信理论》的重要文章，标志着密码学进入了现代密码学阶段。香农的理论奠定了密码学的基础，引领了密码学的新发展方向。随着计算机和电子通信技术的发展，大量的加密算法和各种分析方法被提出，主要分为序列密码和分组密码。随着时间的推移，密码学迈入了公钥密码学的新纪元。1976 年，Whitfield Diffie 和 Martin Hellman 提出了公钥密码学的概念，从而彻底改变了密码学的格局。公钥密码学的出现使得信息的加密和解密可以分别使用不同的密钥，为信息安全提供了更高的保障。

　　随着密码学的演进，特别是现代密码学阶段的到来，密码学不仅在传统通信领域中扮演着关键角色，也逐渐成为了区块链技术的核心支柱。在现代科技的推动下，密码学也在区块链技术中发挥着至关重要的作用。区块链作为一种去中心化的分布式账本技术，依赖密码学方法来确保其网络中的交易和数据的完整性、安全性以及隐私性。这些安全机制不仅仅保护了区块链上的数据不被篡改和泄露，也为区块链的去中心化特性提供了可靠的技术基础。

　　密码学在区块链中的应用主要包括以下几方面。

　　数据加密：数据加密是区块链中最基础的密码学应用。它确保只有持有正确密钥的用户才能访问特定的数据。这对于加密货币等敏感信息的安全传输和存储至关重要。数据加密通过对交易数据进行非对称加密，确保即使数据被截获，没有相应的私钥也无法解读内容。

　　Hash 函数：Hash 函数在区块链中用以确保数据的完整性和创建区块链的结构。每个区块不仅存储本组交易的哈希值，还会存储前一区块的哈希值，从而形成一个链。这一连续的散列链接确保了链的不可逆性和整个区块链的数据完整性。Hash 函数是单向的，这意味着从哈希值几乎不可能逆向推导出原始数据。

　　数字签名：数字签名技术使用公钥加密来验证交易的参与者的身份和交易的未被篡改。交易的发起者会使用自己的私钥对交易进行签名。这个签名随后可以被任何人使用发起者的公钥验证，确保了交易的原始性和参与者的身份。

共识机制：共识机制通过密码学算法来实现网络中的一致状态。它防止了所谓的双花问题和网络攻击。最著名的共识算法包括工作量证明（PoW）和权益证明（PoS），这些机制通过要求参与者解决复杂的算术问题或证明他们持有一定数量的货币，来赢得新区块的创建权和相应的奖励。

零知识证明：零知识证明技术使得参与者能够证明某个信息的正确性而无须透露除此之外的任何信息。这在提高交易隐私性及数据安全性方面非常有用，特别是在涉及敏感信息的场景中。

密码学不仅是区块链技术的核心组成部分，更是确保其安全性和可靠性的基石。通过深入掌握密码学的基本原理及其在各种场景中的应用，我们能够更加全面地理解区块链技术的独特优势和巨大发展潜力。本章将详细介绍密码学在区块链中的应用，包括数据加密、Hash函数、数字签名等。通过本章的学习，读者将能够掌握密码学相关知识和原理，以及其在区块链中所发挥的作用，从而更好地理解区块链技术的本质和实现方式。

3.2 Hash 函数

▶ 3.2.1 Hash 函数原理与定义

Hash 函数，也称为散列函数，是一种从消息空间到像空间的不可逆映射，可以将任意长度的输入数据经过变换后生成固定长度的输出数据。其中，输出通常被称为哈希值。它是一种单向密码体制，即只有加密过程，不存在解密过程。

Hash 函数生成过程表示为 $h = H(M)$。其中，M 为任意长度的消息，H 代表 Hash 函数，h 是生成的哈希值。

Hash 函数的性质如下。

(1) 固定长度输出：输入消息为任意有限长度，输出哈希值是固定长度。

(2) 易计算：对于任意给定的消息 M，计算其哈希值 $h = H(M)$ 是相对容易的。

(3) 单向性：又称为不可逆性，对任意给定的哈希值 h，找到满足 $H(M) = h$ 的输入消息 M 在计算上是不可行的。

(4) 抗碰撞性：包括强碰撞性和弱碰撞性。强碰撞性指找到满足 $H(M) = H(M')$ 的输入数据 (M, M') 在计算上是不可行的；而弱碰撞性指对于给定输入数据 M，找到 $H(M') = H(M)$ 的另一组数据 $M'(\neq M)$ 在计算上也是不可行的。

(5) 雪崩效应：当输入发生微小改变时，即使仅仅改变了一比特，也会导致输出的哈希值发生巨大的变化。这种性质是保证 Hash 函数安全性的重要特征之一。

Hash 函数的这些性质使其成为密码学中广泛应用的工具，用于数字签名、数据完整性验证、密码存储等方面。在区块链技术中，Hash 函数更是扮演着关键角色，用于保障区块链数据的不可篡改性和安全性。

▶ 3.2.2 Hash 函数的作用

Hash 函数的单向性和输出长度固定的特征使其成为生成消息的"数字指纹"（Digital Fingerprint）的理想工具，其中"数字指纹"也被称为消息摘要或哈希值/哈希值。基于其独特的特性，Hash 函数在计算机科学和密码学领域中具有多种重要作用，包括但不限于以下几方面：

数据完整性验证：Hash 函数常被用于验证数据的完整性。通过对原始数据进行哈希运算生成哈希值，然后将该哈希值附加到数据中。在传输或存储数据时，可以再次计算哈希值，并与原始哈希值进行比较，以确保数据在传输或存储过程中没有被篡改。

密码存储：在密码学中，Hash 函数通常用于加密密码。用户的密码不直接存储在数据库中，而是存储其哈希值。当用户进行登录验证时，系统会对用户提供的密码进行哈希运算，然后将结果与存储的哈希值进行比较，从而验证密码的正确性。

数字签名：数字签名是一种验证数字文件完整性和验证发送者身份的方法。Hash 函数常被用于数字签名过程中，通过对文件进行哈希运算生成哈希值，然后使用私钥对哈希值进行签名。接收者可以使用发送者的公钥验证签名的有效性，并通过重新计算哈希值来验证文件的完整性。

数据分区和索引：在数据库和数据结构中，Hash 函数经常用于数据分区和索引。通过将数据的关键信息转换为哈希值，并将其作为索引键值存储，可以提高数据的检索效率。

加密货币和区块链：在加密货币和区块链技术中，Hash 函数被广泛应用于生成区块的哈希值、验证交易、确保区块链的安全性和一致性等方面。每个区块的哈希值包含了该区块的所有交易信息以及前一个区块的哈希值，从而构建了区块链的不可篡改性和连续性。

总的来说，Hash 函数在计算机科学和密码学领域中具有广泛的应用，是保障数据安全性、验证数据完整性、实现身份认证等方面的重要工具。

▶ 3.2.3 常见 Hash 函数

在密码学和计算机科学中，一些常见的 Hash 函数包括 MD5、SHA 系列（如 SHA-1、SHA-256、SHA-3）和 RIPEMD-160。在本节中，我们将重点介绍几种常见的哈希函数：MD5、SHA 系列。其中，SHA-256 因其坚固的安全性而在区块链技术中尤为重要，特别是在比特币的协议中广泛使用。

1. MD5

MD5（Message Digest Algorithm 5，信息摘要算法 5）是一种广泛使用的哈希算法，其发展历史可以追溯到 20 世纪 90 年代初。该算法由 MIT 的计算机科学实验室和 RSA Data Security Inc 共同发明，并经过 MD2、MD3 和 MD4 的逐步演变而来。

MD5 的设计初衷是为了提高数据的安全性，通过将任意长度的"字节串"映射为一个 128 位的大整数，即哈希值，来实现数据的加密保护。

MD5 加密示例：'blockchain'经由 MD5 加密得到'5510a843bc1b7acb9507a5f71de51b98'。

1）MD5 实现原理

（1）数据填充。

首先，对输入消息进行填充。MD5 要求输入消息的长度必须是 512 位的倍数。填充过程包括：

① 在消息末尾添加一个比特位"1"。

② 添加足够的零比特位，直到消息的长度（以比特位计）满足对 512 取模的结果为 448（即留下 64 位用于存放消息长度）。

③ 在最后 64 位中，使用 64 位二进制表示原始消息的长度，以便后续的处理。

因此，MD5 最多可以处理明文长度小于或等于 $2^{64}-1$ bit 的数据。数据填充如图 3-1 所示。

| 明文消息(b bit) | 填充位(1～512bit) | 长度(64bit) |

总长度(512bit的整数倍)

图 3-1　数据填充

（2）初始化缓冲区。

MD5 使用四个 32 位的链接变量 A、B、C 和 D 来保存中间计算结果，并将它们初始化为固定值：

$$A = 0x67452301$$
$$B = 0xefcdab89$$
$$C = 0x98badcfe$$
$$D = 0x10325476$$

（3）运算循环。

MD5 使用四个非线性函数（F、G、H、I）和一个常量表 $T[i]$。每个分组进一步被分成 16 个 32 位子分组，并在主循环中进行四轮处理，每轮包括 16 步运算。每一步中，链接变量通过非线性函数和子分组的组合，以及常量和循环左移操作进行更新。具体来说，第一轮使用 F 函数，第二轮使用 G 函数，第三轮使用 H 函数，第四轮使用 I 函数。在每轮 64 步后，将中间结果加到链接变量中。

$$F(X,Y,Z) = (X \cap Y) \cup (\neg X \cap Z)$$
$$G(X,Y,Z) = (X \cap Z) \cup (Y \cap \neg Z)$$
$$H(X,Y,Z) = X \oplus Y \oplus Z$$
$$I(X,Y,Z) = Y \oplus (X \cup \neg Z)$$

一个 512 位分组的数据被进一步划分为 16 个 32 位的子分组，运算循环如图 3-2 所示。

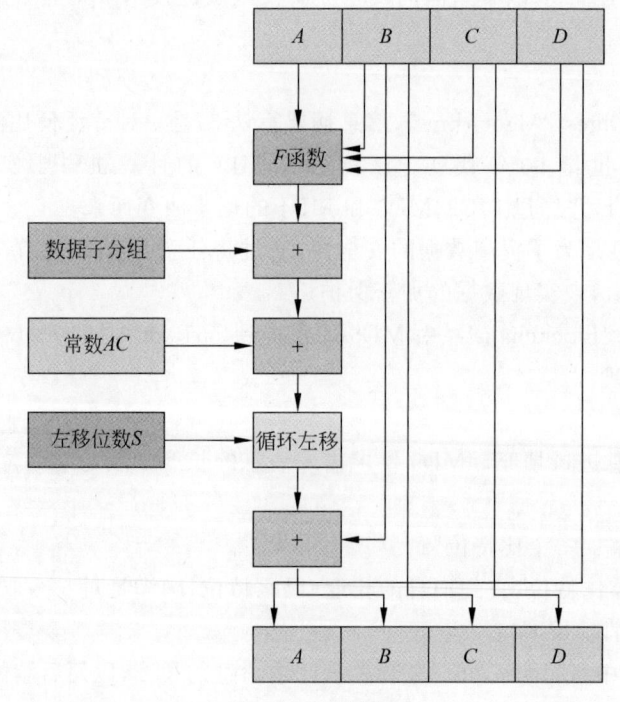

图 3-2　运算循环

(4) 输出结果。

经过处理所有分组后,链接变量 A、B、C 和 D 的最终值即为生成的 128 位哈希值。

2) MD5 的优势与不足

随着密码学研究的深入和计算能力的提升,MD5 的安全性逐渐受到挑战。自 1996 年起,研究人员发现 MD5 存在若干弱点,并证明该算法可以被破解。2004 年,进一步研究证实 MD5 无法防止碰撞攻击(Collision),这意味着不同的输入可以生成相同的哈希值。因此,MD5 不适用于需要高度安全性的应用,如 SSL 公开密钥认证或数字签名等。

尽管 MD5 在安全性方面存在显著缺陷,它仍因其计算速度快、实现简单、资源消耗低等特点而被广泛应用于普通数据的完整性验证和哈希生成。例如,在文件完整性校验和非安全性要求的数据加密保护中,MD5 仍然是常用的工具。然而,对于安全性要求较高的场景,专家建议使用更安全的哈希算法,例如 SHA-2 或 SHA-3。这些算法在防碰撞、抗攻击等方面提供了更强的安全保障,是现代密码学应用中的更优选择。特别是在区块链技术、数字签名和证书验证等需要高度安全性的领域,SHA-256 等更安全的哈希算法已经成为标准。

2. SHA

安全散列算法(Secure Hash Algorithm,SHA)是一个密码散列函数家族,是 FIPS 所认证的安全散列算法。能计算出一个数字消息所对应到的,长度固定的字符串(又称消息摘要)的算法。若输入的消息不同,它们对应到不同字符串的概率很高。

1) SHA-1

SHA-1 是最早提出的 SHA 系列杂凑算法,基于 MD4,设计方面很大程度上是模仿 MD4。因此,SHA-1 的基本步骤与 MD5 的步骤类似,但是生成的消息摘要长度为 160 比特。

2) SHA-1 实现原理

(1) 添加填充位(一个 1 和若干个 0):填充规则同 MD5。

(2) 初始化缓冲区。

使用 5 个 32 比特寄存器来存储中间和最终的运算结果(160 比特)。初始值为

$$A = 0x67452301$$
$$B = 0xefcdab89$$
$$C = 0x98badcfe$$
$$D = 0x10325476$$
$$E = 0xc3d2e1f0$$

(3) 运算循环。

以 512bit 数据块为单位处理消息。算法的核心是一个包含 4 个循环的模块,每个循环由 20 个处理步骤组成。其中,每一循环的形式为

$$A = (\text{ROTL}^5(A) + f^t(B,C,D) + E + W^t + K^r) \bmod 2^{32}$$
$$B = A$$
$$C = \text{ROTL}^{30}(B) \bmod 2^{32}$$
$$D = C$$
$$E = D$$

其中,t 代表轮数,$0 \leqslant t \leqslant 79$;$r$ 代表每一循环模块,$0 \leqslant r \leqslant 3$。

① 循环中使用的非线性函数。

$$f_t(x,y,z) = \begin{cases} (x \cap y) \oplus (\neg x \cap z), & 0 \leq t \leq 19 \\ x \oplus y \oplus z, & 20 \leq t \leq 39 \\ (x \cap y) \oplus (x \cap z) \oplus (y \cap z), & 40 \leq t \leq 59 \\ x \oplus y \oplus z, & 60 \leq t \leq 79 \end{cases}$$

② W 值的获取。

W 一共分为 80 组,其中从 W[0] 到 W[15] 为获得的原始消息均分为 16 组。具体计算方式如下,其中,ROTL$n(x)$ 表示对 32 位比特的变量循环左移 n 比特。

$$W_t = \begin{cases} M_t^{(i)}, & 0 \leq t \leq 15 \\ \text{ROTL}^1(w_{t-3} \oplus w_{t-8} \oplus w_{t-14} \oplus w_{t-16}), & 16 \leq t \leq 79 \end{cases}$$

③ K 为常量。

$$K1 = 0x5a827999, \quad 0 \leq t \leq 19$$
$$K2 = 0x6ed9eba1, \quad 20 \leq t \leq 39$$
$$K3 = 0x8f1bbcdc, \quad 40 \leq t \leq 59$$
$$K4 = 0xca62c1d6, \quad 60 \leq t \leq 79$$

(4) 生成最终哈希值。

在处理完所有消息分组后,将链接变量 A、B、C、D、E 的值连接起来形成最终的 160 位哈希值,这就是 SHA-1 的输出结果。

3) SHA-1 的优势与不足

SHA-1 曾经是一种广泛应用于数据完整性验证、数字签名等安全领域的哈希算法,具有计算效率高、输出长度适中等优势。然而,随着安全技术的发展和密码学研究的深入,SHA-1 的安全性逐渐受到挑战,已经被证明存在严重的碰撞攻击漏洞,无法满足当今安全要求较高的应用。因此,许多安全标准和协议已经淘汰了 SHA-1,推荐使用更安全的哈希算法,如 SHA-256、SHA-3 等,以确保数据的安全性和完整性。

4) SHA-256

SHA-256 是 SHA-2 算法族中的一种,它是基于 SHA-1 提出的,但与 SHA-1 相比,SHA-256 提供了更高的安全性。SHA-256 生成的哈希值长度为 256 位(32 字节),比 SHA-1 的 160 位哈希值更长,因此在防止碰撞攻击和其他安全性攻击方面更为可靠。SHA-256 被广泛应用于区块链和加密货币领域,SHA-256 的高度安全性和不可逆性保证了区块链的去中心化和数据不可篡改性,使其成为现代区块链技术的核心算法之一。

5) SHA-256 实现原理

(1) 初始化变量。

SHA-256 算法使用 8 个 32 位的链接变量(A、B、C、D、E、F、G、H)来保存中间结果,并且这些链接变量具有固定的初始值,通常被称为 SHA-256 的初始链接值:

$$A = 0x6a09e667$$
$$B = 0xbb67ae85$$
$$C = 0x3c6ef372$$
$$D = 0xa54ff53a$$
$$E = 0x510e527f$$
$$F = 0x9b05688c$$

$$G = 0\text{x}1\text{f}83\text{d}9\text{ab}$$
$$H = 0\text{x}5\text{be}0\text{cd}19$$

(2) 处理消息分组。

消息的填充方法与 SHA-1 一致，也就是与 MD5 的填充规则相同。将扩充后的消息进行分组（512 位，64 字节），每一分组作为输入，并将其分割成 16 个 32 位的字。

(3) 扩展消息分组。

通过对每个消息分组进行扩展操作，生成 64 个 32 位字的消息调度数组（$W[0]$、$W[1]$、…、$W[63]$），用于后续的压缩函数。

(4) 初始化哈希值。

将链接变量（A、B、C、D、E、F、G、H）的值赋给临时变量（a、b、c、d、e、f、g、h），用于后续的计算。

(5) 运算循环。

SHA-256 通过 64 轮的运算循环来处理消息分组和更新链接变量的值。每轮循环包含四个阶段：消息调度、压缩函数、更新链接变量和迭代轮常量。

① 消息调度：对消息调度数组（$W[0]$、$W[1]$、…、$W[63]$）进行操作，生成新的消息调度数组。

② 压缩函数：将消息调度数组和链接变量（a、b、c、d、e、f、g、h）作为输入，经过一系列非线性函数、位运算和常量加法，生成新的链接变量的值。

③ 更新链接变量：将新的链接变量的值更新为上一轮循环的链接变量的值。

④ 迭代轮常量：根据当前轮数，选择适当的常量加入压缩函数中。

(6) 生成最终哈希值。

在处理完所有消息分组后，将链接变量（A、B、C、D、E、F、G、H）的值连接起来形成最终的 256 位哈希值，这就是 SHA-256 的输出结果。

6) 总结

Hash 算法的总体架构大致相同，主要由四个步骤构成：消息填充、初始向量、循环运算、输出结果。区别在于分组大小、运算函数以及输出消息摘要等。针对本章讲述的三种 Hash 算法，对比结果如表 3-1 所示。

表 3-1 三种 Hash 算法的对比结果

算法名称	最大消息长度	分组大小	中间状态大小	消息摘要大小	轮数
MD5	$2^{64}-1$	512	128(4×32)	128	64
SHA-1	$2^{64}-1$	512	160(5×32)	160	80
SHA-256	$2^{64}-1$	512	256(8×32)	256	128

▶ 3.2.4 Hash 函数在区块链中的应用

Hash 函数在区块链技术中扮演着至关重要的角色。它们不仅用于确保数据的完整性和安全性，还在去中心化、数据验证和共识机制中发挥核心作用。

1. 数据完整性和不可篡改性

Hash 函数的特性使其生成的消息摘要能够有效验证数据的完整性和防止数据被篡改，这一特性在区块链中得到了广泛应用。在区块链系统中，所有交易数据都被记录在区块中，每个区块包含大量的交易信息。为了确保这些数据的完整性和不可篡改性,区块链利用了Hash函数的优势。

具体来说,每个区块都包含前一个区块的哈希值,这种链接形成了一条链,即区块链。这意味着对任何区块数据的改动都会改变该区块的哈希值,从而导致整个链条上后续区块的哈希值也随之变化。因此,任何试图篡改数据的行为都会被轻易检测到,因为篡改一个区块的数据会破坏其与后续区块之间的链接,进而影响整个区块链的完整性和安全性。而每个区块内的交易信息也通过Hash函数来确保数据的完整性,所有交易的哈希值形成一个Merkle树(也称哈希树),Merkle树的结构使得验证单个交易是否在区块中非常高效,因为只需要少量的计算即可验证,而无须重新计算所有交易的哈希。通过这种数据结构,区块链实现了数据的高安全性和可靠性。

2. 区块生成与工作量证明

工作量证明(PoW)是许多区块链共识机制的基础,尤其是比特币。PoW要求矿工解决一个复杂的数学难题,而这一过程的核心正是Hash函数。矿工必须找到一个随机数(Nonce),使得该随机数与当前区块的数据结合后的哈希值满足特定条件(通常是哈希值的前几位为零)。

这一计算过程需要消耗大量的计算能力,但验证该条件是否满足非常简单。这种不对称的计算能力要求确保了区块链网络的安全性和去中心化特性。通过这种方式,PoW机制不仅防止了恶意攻击者控制网络,还激励矿工进行诚实的挖矿行为,从而维护网络的健康运行。

3. 地址生成与隐私保护

在许多加密货币系统中,用户的地址是通过Hash函数生成的。具体来说,用户的公钥经过Hash函数处理生成地址,这不仅能缩短地址长度,还能有效保护用户的公钥隐私。由于Hash函数的单向性,知道地址不能反推出公钥,从而在很大程度上增强了用户的隐私和安全。这种隐私保护机制使得用户在进行交易时,不必担心个人信息的泄露,进一步提高了区块链的安全性。

4. 智能合约中的应用

智能合约是运行在区块链上的自动执行代码,其中Hash函数也发挥着重要作用。例如,哈希锁定(Hash Locking)机制利用Hash函数来锁定资金,只有在满足特定条件(如提供正确的哈希前映像)时才能解锁。这种机制被广泛用于跨链交易和去中心化金融(DeFi)应用中,以确保交易的安全性和不可篡改性。通过智能合约,用户可以在无需中介的情况下完成复杂的交易,提升了效率。

综上所述,Hash函数在区块链技术中无处不在,从确保数据完整性到支撑工作量证明,从生成交易哈希到保护用户隐私,再到智能合约的安全执行。理解和掌握Hash函数在这些应用中的具体实现和作用,对于深入理解区块链技术的工作原理和优势至关重要。在后续章节中,我们将详细介绍区块链相关的数据结构和共识机制等内容。

3.3 公钥密码

3.3.1 公钥算法定义和原理

对称密码体制在一定程度上解决了保密通信的问题,但随着技术的发展,通信保密的需求越来越广泛,对称密码体制的局限性也逐渐显现出来。主要体现在以下几方面:

(1)密钥分发管理复杂:对称密码体制需要通信双方使用相同的密钥进行加密和解密,

这就要求每对通信用户之间都必须共享一个唯一的密钥。当网络中的用户数量增加时，密钥的数量将以指数级增长。例如，N 个用户需要维护 $N(N-1)/2$ 个密钥。这不仅增加了密钥管理的复杂性，还需要一个安全的渠道来分发和存储这些密钥。如果密钥在传递过程中被截获，通信的安全性将会受到严重威胁。

(2) 陌生人之间无法进行保密通信：对称密码体制的一个重大局限是无法支持陌生人之间的保密通信。由于加密和解密使用的是相同的密钥，双方在通信之前必须先交换并共享密钥。对于没有事先建立信任关系的陌生人，这种密钥交换是不现实的。因此，对称密码体制在开放网络环境中的应用受到限制，难以满足现代通信的需求。

(3) 数字签名问题：对称密码体制无法有效实现数字签名。对称密码体制中的密钥是共享的，任何持有密钥的人都可以对消息进行加密或签名，接收方无法区分消息的真正来源，无法确认消息是否由特定的发送方发送。因此，对称密码体制在身份验证和防止否认方面存在缺陷，无法满足某些应用场景的需求。

这些局限性在现代通信和信息安全中显得尤为突出，促使人们寻求更为安全和高效的解决方案。公钥密码体制（非对称密码体制）的提出有效地克服了这些问题，为现代通信提供了更加安全可靠的保障。

公钥算法是一种使用一对不同密钥进行加密和解密的密码体制，其中一个密钥（公开密钥，简称公钥）公开，另一个密钥（私有密钥，简称私钥）保密。任何人都可以使用公钥加密信息，但只有持有相应私钥的人才能解密。

为了保障公钥密码体制的正确实现，要求：

(1) 容易计算产生一对密钥：算法应易于生成一对密钥（公钥 KU_b 和私钥 KR_b）。

(2) 正向易计算：发送方 A 在已知公钥 KU_b 和明文 M 的情况下，容易通过计算得到密文 C。而接收方使用私钥 KR_b 容易通过计算解密密文 C 得到明文 M。

(3) 不可逆性：知道公钥 KU_b，计算私钥 KR_b 在计算上是不可行的。

(4) 抗原像性：即使攻击者获取了公钥 KU_b 和密文 C，想要恢复原来的明文 M 在计算上是不可行的。

(5) 双向性：两个密钥中任何一个都可以用来加密，另一个用来解密（并不适用于所有公钥密码体制，如 DSA 只用于数字签名）。

公钥算法基于某些数学难题，如大整数分解问题或离散对数问题，这些问题具有单向性，即计算密钥对是简单的，但反向计算则极其困难。具体过程如下：

① 密钥生成：通过数学算法生成一对密钥，即公钥 p_k 和私钥 s_k。公钥公开发布，私钥由用户自己保管。

② 加密：发送方使用接收方的公钥对消息进行加密。由于只有接收方拥有对应的私钥，其他人即使截获了加密信息也无法解密。

③ 解密：接收方使用自己的私钥对加密消息进行解密，恢复出原始信息。

④ 数字签名：发送方使用自己的私钥对消息进行加密生成签名，接收方使用发送方的公钥对签名进行验证，以确保消息的来源和完整性。

通过以上机制，公钥算法在解决密钥分发、陌生人通信以及数字签名问题上展示了显著的优势，并成为现代密码学的重要组成部分。

▶ 3.3.2 RSA 公钥算法

RSA 公钥加密算法由美国麻省理工学院的罗纳德·李维斯特（Ron Rivest）、阿迪·沙米尔(Adi Shamir)和伦纳德·阿德曼(Leonard Adleman)于1977年提出,并于1987年首次公布,RSA算法的名称就是取自他们三人姓氏的首字母。作为一种广泛应用的公钥加密算法,RSA在现代信息安全领域中占据了重要地位。

RSA算法的安全性基于初等数论中的欧拉定理(Euler's Theorem),其核心在于大整数因子分解的计算难度。具体来说,将两个大质数相乘相对容易,但试图对其乘积进行因式分解却是一个极其复杂的问题。这种不对称的计算复杂性为RSA算法提供了坚实的安全基础。

1. RSA算法的流程

RSA算法包括密钥生成、加密和解密三个主要步骤。以下是RSA算法的详细流程。

1) 密钥生成

密钥生成是RSA算法的基础,包括生成公钥和私钥的过程。

(1) 选择两个不同的大质数,p和q。

(2) 计算$n = p * q$,$\varphi(n) = (p-1)*(q-1)$。

(3) 选择一个随机整数$e(0 < e < \varphi(n))$,满足$\gcd(e, \varphi(n)) = 1$。

(4) 计算$d = e^{-1} \mod \varphi(n)$。

其中,公钥$KU = \{e, n\}$,私钥$KR = \{d, p, q\}$或$KR = \{d, n\}$。

2) 加密

使用公钥$KU = \{e, n\}$对明文M进行加密,其中$M < n$(因为模运算结果在$0 \sim n-1$的范围内,所有明文、密文空间也应在$0 \sim n-1$范围内。对于$M \geqslant n$的情形,可以将明文进行分组再运算)。

公式如下:

$$C = M^e \mod n$$

3) 解密

使用私钥$KR = \{d, n\}$对密文C进行解密。

公式如下:

$$M = C^d \mod n$$

2. RSA算法的数字签名

RSA公钥算法不仅适用于加密数据,还可以用于数字签名,以确保消息的完整性和发送者的身份验证。在数字签名过程中,用户使用自己的私钥对消息的哈希值进行加密,生成签名,并将其附加在消息上发送给接收方。接收方使用发送者的公钥解密签名,获得消息的哈希值,然后与计算得到的哈希值进行比对。通过这种方式,可以验证消息是否未被篡改,并确认消息确实由特定的发送者发出。具体实现过程如下。

1) 签名生成

明文消息M,计算得到其哈希值$H(M)$。

使用私钥$KR = \{d, n\}$对哈希值进行加密,生成签名S。

$$S = H(M)^d \mod n$$

发送方将消息M与签名S发送给接收方。

2) 签名验证

接收方得到消息M与签名S,首先计算消息的哈希值$H(M)$。

使用发送方的公钥来验证其签名S,获得解密的哈希值$H'(M)$。

$$H'(M) = S^e \mod n$$

接收方验证 $H'(M)$ 与 $H(M)$,如果相等,则签名验证通过,并且消息完整未经篡改;否则签名验证失败,消息可能被篡改或发送者身份可能被伪造。

综上所述,RSA 算法的强大之处在于其基于大整数分解问题的计算复杂性,使得公钥和私钥之间的关系极其难以破解。尽管如此,随着计算能力的提升,密钥长度也需要相应增加以保持安全性。RSA 算法不仅适用于加密和解密,还广泛应用于数字签名和密钥交换等领域,成为现代信息安全体系的重要组成部分。

3.3.3 ElGamal 公钥算法

ElGamal 算法是由 Tahir ElGamal 在 1985 年提出的一种基于离散对数难题的加密体系。与 RSA 算法类似,ElGamal 算法既可以用于数据加密,也可以用于数字签名。然而,与 RSA 算法的因数分解问题不同,ElGamal 算法的安全性建立在离散对数问题的难解性上。

1. ElGamal 算法的独特优势

ElGamal 算法在数据加密和数字签名方面具有一些独特的优势,特别是在应对重放攻击时表现出色。具体来说:

(1) 基于离散对数难题:ElGamal 算法依赖于离散对数问题,这一数学难题的复杂性使得破解算法变得极为困难,从而提供了坚实的安全基础。

(2) 随机性增强安全性:ElGamal 算法的一个显著特点是,即使使用相同的私钥和相同的明文,每次加密生成的密文或签名都不相同。这是因为在加密过程中引入了一个随机数,这个随机数在每次加密时都不同,从而有效地防止了重放攻击(Replay Attack)。重放攻击是指攻击者截获并重放消息,从而冒充原始发送者的行为。ElGamal 算法通过生成唯一的加密输出来防止这种攻击。

(3) 应用广泛:由于其独特的安全特性,ElGamal 算法在许多安全协议中得到了广泛应用,包括 SSL/TLS 和 PGP 等,尤其是在需要高度随机性的场景中表现优越。

2. ElGamal 算法的原理和流程

1) 密钥生成

(1) 选择一个大质数 p 和一个生成元 g。

(2) 选择一个随机整数 x($1 \leqslant x \leqslant p-2$)。

(3) 计算 $y = g^x \bmod p$。

其中,公钥 $KU = \{p, g, y\}$,私钥 $KR = \{x\}$。

2) 加密过程

生成一个随机数 k($1 \leqslant k \leqslant p-2$),使用随机数 k 公钥 KU 对明文消息 M 进行加密。

公式如下:

$$c1 = g^k \bmod p$$

$$c2 = M \cdot y^k \bmod p$$

根据以上公式,得到密文 $\{c1, c2\}$。

3) 解密过程

使用私钥 KR 对密文 $\{c1, c2\}$ 解密。

公式如下:

$$s = c1^x \bmod p$$

$$M = c2 \cdot s^{-1} \bmod p, \text{其中 } s^{-1} \text{ 是 } s \text{ 的乘法逆元}$$

3. ElGamal 算法的数字签名

类似 RSA 算法，ElGamel 也可用于数字签名。

1) 签名生成

生成一个随机数 $k(1 \leq k \leq p-2)$，且 k 与 $p-1$ 互质。

计算 $r = g^k \bmod p$。

计算 $s = (H(M) - xr) \cdot k^{-1} \bmod (p-1)$（其中 $H(M)$ 为消息 M 的哈希值）。

得到签名 $\{r, s\}$，发送给接收方。

2) 签名验证

接收发送方发送的消息 M 及其签名 $\{r, s\}$，计算消息的哈希值 $H(M)$。

计算 $v1 = y^r \cdot r^s \bmod p$。

计算 $v2 = g^{H(M)} \bmod p$。

如果 $v1 = v2$，则签名有效。

通过这种方式，ElGamal 算法不仅能确保消息的保密性，还能验证消息的完整性和发送者的身份。与 RSA 算法相比，ElGamal 算法在随机性方面的优势使其在防止重放攻击和其他安全威胁时表现尤为突出。

▶ 3.3.4 椭圆曲线加密算法

椭圆曲线加密算法（Elliptic Curve Cryptography，ECC）由美国国家安全局（NSA）在 20 世纪 80 年代提出，最初由 Victor S. Miller 和 Neal Koblitz 独立发展。ECC 基于椭圆曲线离散对数问题（ECDLP），其安全性依赖于计算椭圆曲线上的离散对数的难度。与传统的 RSA 算法相比，ECC 可以在较小的密钥长度下提供相同级别的安全性，这使得它在资源受限的环境中尤为适用。

1. 椭圆曲线

1) 椭圆曲线方程

椭圆曲线的曲线方程是形式如下的二元三次方程，其中 a、b、c、d、e 是实数。

$$y^2 + axy + by = x^3 + cx^2 + dx + e$$

在椭圆曲线加密算法中最常用的椭圆曲线方程如下。如图 3-3 所示是椭圆曲线的一个示例。

$$y^2 = x^3 + ax + b \, (a, b \in \mathrm{GF}(p), 4a^3 + 27b^2 \neq 0)$$

2) 椭圆曲线性质

对称性：椭圆曲线相对于 x 轴对称，即如果 (x, y) 在曲线上，则 $(x, -y)$ 也在曲线上。

点的加法：在椭圆曲线上定义了一种点加法运算，使得对于曲线上两个点 P 和 Q，可以找到一个新点 R 也在曲线上，满足 $P + Q = R$。这种运算满足交换律和结合律。

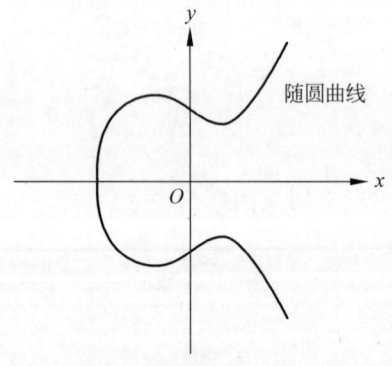

图 3-3 椭圆曲线示例图

无穷远点：曲线上的一个特殊点是"无穷远点"，通常标记为 O，在椭圆曲线加法中充当加法的单位元。即对于曲线上任意一点 P，满足 $P + O = P$。

3) 椭圆曲线加法原理

过曲线上的任意两点 A、B 作一条直线 L，L 还与椭圆曲线相交于点 P，交点 P 关于 x 轴

对称位置的点 Q,Q 也在椭圆曲线上。定义椭圆曲线加法 $A+B=Q$,如图 3-4 所示。

如果过曲线上的任意一点 A 作椭圆曲线的切线 L,L 与椭圆曲线相交于点 P,交点 P 关于 x 轴对称位置的点是 Q。那么根据椭圆曲线加法可得到 $Q=A+A$ 即 $Q=2A$,如图 3-5 所示。因此 $Q=kA$ 即 $Q=A+A+\cdots+A(k$ 个 A 相加$)$。

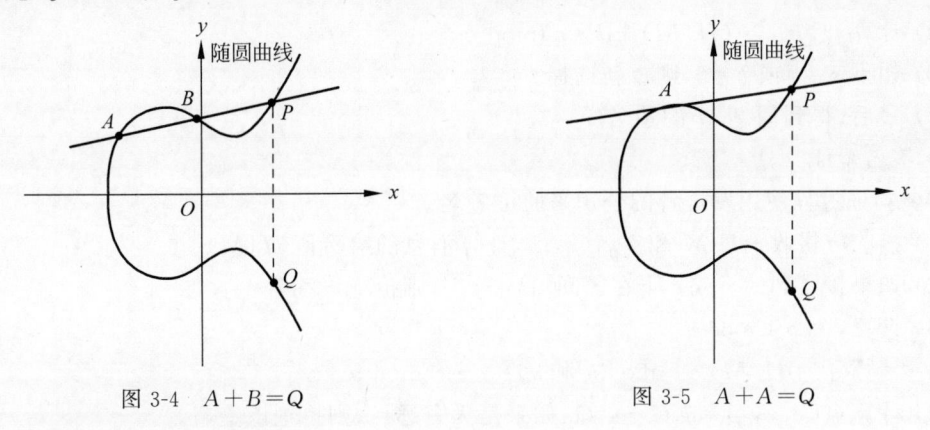

图 3-4 $A+B=Q$

图 3-5 $A+A=Q$

2. 椭圆曲线加密算法步骤

1) 密钥生成

(1) 选取一个基域 $GF(p)$ 和定义在该基域上的椭圆曲线 $E_p(a,b)$。

(2) 选择椭圆曲线上的一个基点 G,其阶为 $n(n$ 为质数$)$。

(3) 生成一个随机整数 d,满足 $1 \leqslant d \leqslant n-1$。

(4) 计算 $Q=d \times G$。

公钥为 KU$=\{Q\}$,私钥为 KR$=\{d\}$(其中有限域 $GF(p)$,椭圆曲线 $E_p(a,b)$,点 G 和其阶 n 都是公开的)。

2) 加密

假设,Bob 要将消息 M 经过 Alice 私钥加密后发送给 Alice,加密过程如下:

(1) 将消息 M 表示成一个域元素 $m \in GF(p)$。

(2) (Bob 的私钥)选择一个随机整数 k,$1 \leqslant k \leqslant n-1$。

(3) (Bob 的公钥)计算点 $(x_1,y_1)=k \times G$。

(4) 计算点 $(x_2,y_2)=k \times Q$,如果 $x_2=0$,则返回第(2)步,重新选取 k。

(5) 计算 $c=mx_2$。

(6) 传输加密数据 (x_1,y_1,c) 给 Alice。

3) 解密

Alice 接收 Bob 传递过来的数据 (x_1,y_1,c),解密过程如下:

(1) 使用私钥 d,计算点 $(x_2,y_2)=d \times (x_1,y_1)$。因为

$$(x_2,y_2)=k \times Q=k \times d \times G=d \times (x_1,y_1)$$

(2) 计算 $m=cx_2^{-1}$,恢复出消息 m。

3. ECC 数字签名算法

椭圆曲线加密算法不仅用于加密,也用于生成和验证数字签名,即椭圆曲线数字签名算法(ECDSA)。以下是 ECDSA 的详细流程:

1) 签名生成

签名生成过程使用发送者的私钥对消息的哈希值进行加密。

(1) 选择消息 M 并计算其哈希值 $H(M)$。

(2) 选择一个随机整数 k，$1 \leqslant k \leqslant n-1$。

(3) 计算点 $(x_1, y_1) = k \times G$。

(4) 计算 $r = \overline{x_1} \bmod n$，其中 $\overline{x_1}$ 是 x_1 取整。

(5) 计算 $s = k^{-1} \cdot (H(M) + d \cdot r) \bmod n$。

(6) 如果 $s = 0$ 或 $r = 0$，则重新选择 k。

(7) 最后，得到消息 M 的签名 (r, s)。

2) 签名验证

签名验证过程使用发送者的公钥来验证签名。

(1) 接收方接收消息 M 和签名 (r, s)，计算消息的哈希值 $H(M)$。

(2) 如果接收到的 s 或 r 不在区间 $[1, n-1]$，则拒绝该签名。

(3) 计算 $c = s^{-1} \bmod n$。

(4) 计算 $u_1 = H(M) \cdot c \bmod n$ 和 $u_2 = r \cdot c \bmod n$。

(5) 计算点 $(x_1, y_1) = u_1 G + u_2 Q$，如果是无穷远点，则拒绝该签名。

(6) 计算 $r' = \overline{x_1} \bmod n$，其中 $\overline{x_1}$ 是 x_1 取整。

(7) 如果 $r' = r$，则接收该签名；否则拒绝。

4. ECC 算法优势

1) 高效性

短密钥长度：ECC 在提供相同安全水平的情况下，所需的密钥长度更短。例如，256 位的 ECC 密钥安全性相当于 3072 位的 RSA 密钥。这意味着更少的数据需要传输和处理，提高了加密和解密的速度。

快速运算：ECC 的加密和解密运算更为简单和快速，它能显著减少计算时间和功耗，特别适合需要频繁加密和解密操作的环境。

2) 资源节省

低存储需求：较短的密钥长度和较少的运算量意味着更少的存储空间和计算资源。这对于资源受限的设备，如移动设备和物联网(IoT)设备，尤为重要。

节省带宽：较短的密钥和签名也减少了数据传输量，节省网络带宽，提升了系统的整体效率。

3) 安全性高

离散对数问题的难度：ECC 的安全性基于椭圆曲线离散对数问题，目前尚无高效的解决方案。因此，ECC 在现有技术水平下被认为是安全的。

5. ECC 在区块链中的应用

正是因为椭圆曲线加密算法(ECC)在高效性、资源节省和安全性方面的突出优势，该算法被广泛应用于区块链中。以下是 ECC 在区块链中的几个主要应用：

1) 数字签名

比特币使用的椭圆曲线数字签名算法(ECDSA)基于 secp256k1 曲线，用于验证交易的真实性和完整性。每笔交易都包含一个签名，网络节点使用发送方的公钥来验证这个签名，以确保交易的合法性。比特币的安全性和不可篡改在很大程度上依赖于 ECDSA 的有效性。

以太坊同样采用 ECDSA 进行账户认证和交易签名，确保每笔交易由账户所有者授权。每当用户在以太坊网络上发起交易时，交易需要用户的私钥进行签名，网络节点随后使用用户的公钥来验证签名的有效性,从而保证交易的合法性和完整性。

2) 密钥生成和管理

在区块链系统中,用户的身份由其公钥和私钥对决定。ECC 使得生成强大的密钥对变得更为高效和安全。具体来说,用户的私钥用于签署交易,公钥则用于验证交易签名。通过使用 ECC,区块链能够在保持高安全性的同时,减少密钥生成和管理的计算资源消耗。ECC 的算法特性使得生成一个高安全性的密钥对变得简单快捷。即使是资源受限的设备,如智能手机或物联网设备,也能够高效地生成和管理密钥对。

3) 智能合约

一些区块链平台,如以太坊,使用 ECC 来确保智能合约的执行和数据的完整性。智能合约在部署和调用过程中需要进行加密和签名操作,ECC 提供了高效的加密机制,确保智能合约的安全执行。在智能合约的执行过程中,数据的签名和验证是至关重要的环节。ECC 通过其高效的加密和解密过程,确保了智能合约的每一步操作都是安全和可信的。通过使用 ECC,可以防止智能合约在执行过程中被篡改或伪造,确保了整个过程的透明和安全。

4) 区块链的其他应用

去中心化应用(DApps):在去中心化应用中,ECC 用于用户身份验证和数据保护。用户在访问 DApps 时,通过 ECC 生成的公钥和私钥对来验证身份和保护数据隐私。

数据完整性验证:ECC 还用于验证区块链中存储数据的完整性。通过对数据进行签名和验证,确保数据在传输和存储过程中未被篡改。

综上所述,椭圆曲线加密算法以其高效性、资源节省和强大的安全性在区块链技术中占据了重要地位。无论是数字签名、密钥生成和管理,还是智能合约的安全执行,ECC 都发挥了至关重要的作用。通过具体的应用如比特币和以太坊,我们可以看到 ECC 在确保交易安全、提高系统效率以及保护用户隐私方面的显著优势。因此,理解和掌握 ECC 在区块链中的应用,对于深入了解区块链技术的工作原理和优势是非常必要的。

3.4 数字签名

▶ 3.4.1 数字签名概念与原理

1. 概念

数字签名是一种基于公钥加密技术的数学机制,用于验证电子文档、消息或数据的真实性和完整性。与传统的手写签名或印章相比,数字签名提供了更高的安全性和可靠性。

在现实应用中,数字签名广泛应用于电子邮件、软件分发、金融交易以及区块链等多个领域。在电子邮件中,数字签名可以保护用户免受钓鱼攻击;在软件分发中,开发者可以确保用户下载的软件没有被恶意篡改;而在区块链技术中,数字签名则是确保交易安全和验证参与者身份的关键机制。因此,数字签名不仅提高了电子通信的安全性,还为数字世界中的身份认证和数据保护提供了可靠的解决方案。

2. 原理

数字签名的原理基于公钥加密体系,其中涉及一对密钥:私钥和公钥。数字签名的主要目的是验证消息的完整性和发送者的身份,确保信息在传输过程中的安全性。具体步骤如下。

(1) 密钥生成:首先,签名者需要生成一对密钥,包括一个私钥 s 和一个公钥 p。私钥必须严格保密,禁止外泄,而公钥则可以公开发布,供任何人使用。

（2）消息摘要生成：发送者使用哈希函数对消息 M 进行哈希运算，生成固定长度的消息摘要 $H(M)$。哈希函数具有单向性和抗碰撞性，确保了相同的消息总是产生相同的摘要，而不同的消息产生不同的摘要。

（3）签名生成：发送者使用其私钥 s 对消息摘要 $H(M)$ 进行加密，生成数字签名。这一过程确保了只有持有私钥的发送者能够生成该签名。

（4）签名附加：将生成的数字签名附加到原始消息上，形成签名消息，然后发送给接收者。

（5）签名验证：接收者使用发送者的公钥 p 对数字签名进行解密，从中获得消息摘要 $H(M)$。接收者随后使用相同的哈希函数对收到的原始消息进行哈希运算，生成自己的消息摘要 $H(M)'$。

（6）完整性和真实性验证：接收者将解密得到的 $H(M)$ 与根据收到消息生成的 $H(M)'$ 进行对比。如果 $H(M)=H(M)'$，则验证通过，表明消息未被篡改且发送者身份可信。否则，可能存在伪造签名、数据被篡改的情况。

为了更好地理解数字签名的过程，下面以 Alice 和 Bob 为例进行说明。如图 3-6 所示，假设 Alice 需要向 Bob 发送一条信息 M，并且需要对该信息进行签名，以确保其真实性和数据的完整性。首先，Alice 通过哈希函数计算出消息 M 的消息摘要 $H(M)$。接下来，Alice 使用她的私钥 S_A 对消息摘要 $H(M)$ 进行加密，从而生成数字签名。此签名不仅包含了消息摘要的信息，而且还与 Alice 的私钥紧密关联。由于私钥仅由 Alice 掌握，因此这一签名能够有效地证明消息的来源。随后，为防止在传输过程中数据泄露，Alick 使用 Bob 的公钥 P_B 对整个签名消息（即原始消息 M 和数字签名）进行加密。最后，Alice 将加密后的数据发送给 Bob。

Bob 在接收消息后，首先使用自己的私钥 S_B 对接收的消息进行解密，提取出解密后的明文消息 M' 和 Alice 的数字签名。之后使用 Alice 的公钥 P_A 对数字签名进行验证，得到消息摘要 $H(M)$，将解密后的消息 M' 使用相同的哈希函数进行计算，生成新的消息摘要 $H(M')$。为了对数字签名和数据的完整性进行校验，Bob 将解密得到的消息摘要 $H(M)$ 与自己计算出的 $H(M')$ 进行比较。如果 $H(M)=H(M')$，则说明消息是 Alice 所发送，且在传输过程中未被篡改。反之，则意味着存在伪造或篡改的可能。

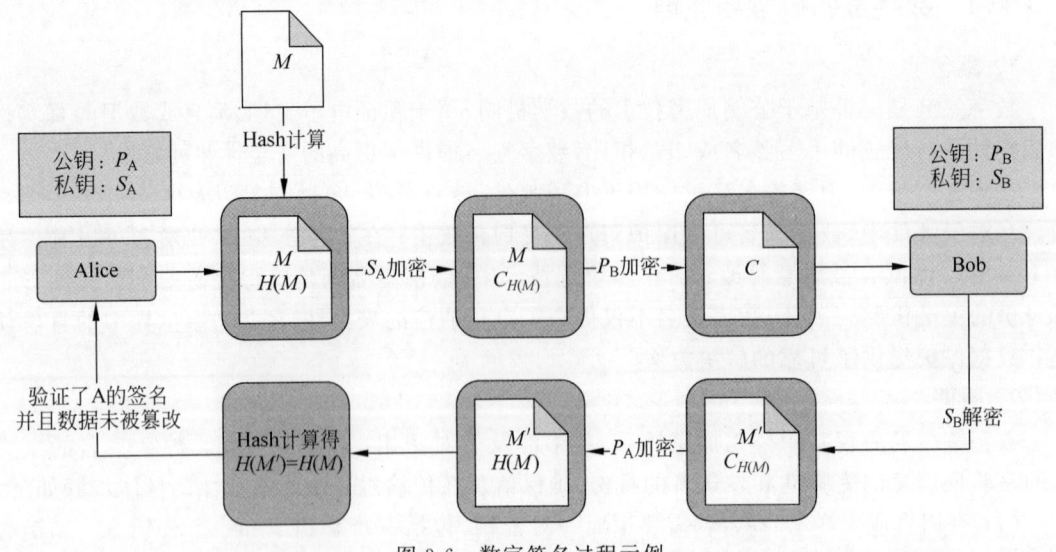

图 3-6 数字签名过程示例

3. 性质

数字签名具有以下性质：

（1）不可伪造性：数字签名通过公钥加密体系确保了消息的发送者身份。每个用户都有一对密钥（私钥和公钥）。私钥是保密的，只有签名者知道，而公钥则可以公开共享。这种密钥对的特性不仅使得接收者能够验证发送者的身份，确保消息确实来自声称的发送者，而且由于私钥的保密性，只有私钥所有者知晓，其他人无法冒充，确保了签名的不可伪造性。

（2）不可抵赖性：签名者无法否认曾经发送过该消息，因为签名是由其私钥生成的，而私钥只有签名者自己掌握。这一特性在法律和商业交易中尤为重要，因为它提供了法律证据，确保交易的真实性和有效性。

（3）消息完整性：通过对消息进行哈希运算，数字签名确保任何对消息内容的篡改都会导致其对应的哈希值发生变化。接收者在验证签名时，可以将解密后的哈希值与自己计算出的哈希值进行比较。如果两者不相等，接收者就可以确认消息在传输过程中被篡改。

▶ 3.4.2 常用数字签名算法

在区块链中，为了确保订单的可溯源性和消息的完整性，广泛使用了数字签名方案。其中，椭圆曲线数字签名算法（ECDSA）是区块链中最常用的数字签名算法，正如我们在 3.4.1 节中提到的。然而，除了 ECDSA 之外，还有一些适用于特定场景的数字签名方案，例如群签名、环签名、盲签名等。这些方案各有特点，能够满足区块链应用中不同的安全和隐私需求。

1. 群签名

群签名由 Chaum 和 van Heyst 于 1991 年首次提出，与传统的数字签名算法相比，增加了匿名性和可追踪性这两个特性。

在群签名中，一个集体包括一个管理员和若干成员。群管理员生成一个群公钥和每个成员的私钥，群公钥是公开的，而成员的私钥则是保密的。群签名允许群体中的任意成员代表整体签署消息，而不透露具体是哪一个成员签署的。验证者无法知道具体是由哪个成员签署的，因此，群签名为群中的成员提供了隐私保护，即匿名性。同时，在特殊情况下，群管理员可以追踪到签名具体由哪位成员签署，以防止成员滥用签名。

由于群签名的匿名性和可追踪性，它被应用在区块链的投票系统和匿名认证等场景中。在区块链投票应用中，群签名可以确保投票者的隐私，同时保证投票的真实性。而在区块链网络中，群签名可以用于匿名认证，使得用户可以匿名参与某些活动或服务。

2. 环签名

Rivest、Shamir 和 Tauman 三位密码学家于 2001 年提出了环签名的概念。环签名因其签名过程中的参数 $C_i(i=1,2,\cdots,n)$ 根据特定规则首尾相连形成环状而得名。环签名和群签名相似，但其独特之处在于它没有中央权力的群管理员，从而对签名者提供了无条件的匿名性。

环签名的主要特性如下。

（1）绝对匿名性：签名者的身份在整个签名过程中保持完全匿名，验证者无法识别出具体的签名者。

（2）自发性：签名者可以自由选择其他成员的公钥来生成环签名，无须这些成员的许可。

（3）群体特性：签名者利用群体成员的公钥生成签名，使验证者能够确认签名者属于该群体，但无法确定具体是谁签署的。

这些特点使环签名特别适用于需要保护签名者身份的应用场景，如选举、举报和电子支付,确保了参与者的隐私和信息的安全。

3. 盲签名

盲签名的概念由 David Chaum 于 1982 年首次提出,旨在解决某些情况下消息所有者希望获得签名但又不希望签名者知晓消息内容的需求。盲签名允许消息在签名过程中保持匿名,使得签名者无法看到消息的真实内容。

一个典型的盲签名方案包括以下几个步骤:

(1) 消息盲化:消息所有者首先使用一个盲因子对要签名的消息进行处理,生成一个盲化后的消息。这个处理过程确保签名者无法看到原始消息内容。盲化后的消息随后被发送给签名者。

(2) 盲消息签名:签名者接收到盲化后的消息后,对其进行签名。由于消息已经被盲化,签名者无法知道其真实内容,但签名仍然是有效的。

(3) 签名复原:消息所有者收到签名后的盲化消息后,移除盲因子,恢复原始消息的签名。这样,消息所有者就拥有了签名者在不知情情况下签署的原始消息的有效签名。

盲签名技术在许多领域有广泛应用,包括电子支付、电子投票和电子商务等。具体应用示例如下。

- 电子支付:在电子支付系统中,用户可以生成盲化后的支付信息并获取银行的盲签名,确保支付信息的隐私性,防止银行跟踪用户的支付行为。
- 电子投票:在电子投票系统中,选民可以使用盲签名确保投票的匿名性。投票信息经过盲化处理后发送给投票机构进行签名,投票机构无法知道投票内容,但签名保证了投票的有效性和真实性。
- 电子商务:在电子商务交易中,用户可以使用盲签名保护敏感信息,如订单详情和支付信息,确保交易的隐私和安全。

盲签名的这种设计不仅保护了消息内容的隐私,还确保了签名的真实性和有效性,提供了一种在不泄露消息内容的情况下获得可信签名的机制。

▶ 3.4.3 数字签名在区块链中的应用

数字签名在区块链中有着广泛的应用,以下是其中几个具体应用场景的详细讲解。

1. 交易验证

在比特币网络中,数字签名用于验证交易的真实性和完整性。每笔比特币交易都包含发送方的数字签名,使用的是椭圆曲线数字签名算法(ECDSA)。

以下是详细步骤。

(1) 交易生成:发送方创建一笔交易,包含接收方地址和转账金额。

(2) 交易签名:发送方用自己的私钥对交易进行签名,生成签名数据并附加在交易中。

(3) 广播交易:发送方将签名后的交易广播到比特币网络。

(4) 验证交易:网络中的节点使用发送方的公钥验证签名,确保交易的真实性和完整性。只有验证通过的交易才会被记录在区块链中。

在以太坊网络中,数字签名同样用于交易验证。以太坊使用的是与比特币相同的 ECDSA 算法。具体过程类似,主要步骤如下。

(1) 创建交易:用户创建一笔交易,包含接收方地址、转账金额,以及其他必要数据(如燃料费)。

(2) 签名交易：用户用自己的私钥对交易进行签名。

(3) 广播交易：签名后的交易被广播到以太坊网络。

(4) 验证交易：矿工节点验证交易签名，确保交易合法并添加到区块中。

2. 智能合约执行

以太坊中的应用在以太坊平台上，智能合约的部署和调用都需要数字签名以确保安全和可靠。

以下是详细步骤。

(1) 智能合约部署：开发者编写智能合约代码，并用私钥对部署交易进行签名。

(2) 签名后的部署：交易被广播到网络，矿工节点验证签名后，将智能合约代码记录在区块链上。

(3) 智能合约调用：用户调用智能合约中的某个函数时，创建一笔调用交易，并用私钥进行签名。签名后的交易被广播到网络，矿工节点验证签名后，执行智能合约的相应函数。

数字签名确保了只有合约拥有者或被授权的用户才能部署和调用智能合约，防止未授权的访问和操作。

3. 去中心化身份认证

去中心化身份认证(Decentralized ID, DID)数字签名在去中心化身份认证中也发挥着关键作用。去中心化身份认证允许用户在不依赖中央机构的情况下证明身份。以下是应用过程。

(1) 创建身份：用户生成一对公钥和私钥，公钥作为身份标识，私钥用于签名。

(2) 签名身份声明：用户用私钥对身份声明进行签名，声明可以包含用户的个人信息和其他认证数据。

(3) 验证身份：验证方使用用户的公钥验证身份声明的签名，确认身份声明的真实性和完整性。

这种机制用于区块链上的各种去中心化应用，如去中心化金融(DeFi)、去中心化社交网络等，确保用户身份的安全和隐私。

综上所述，数字签名在区块链技术中起着至关重要的作用，从交易验证到智能合约执行，再到去中心化身份认证，数字签名确保了数据的真实性、完整性和不可抵赖性。这些应用场景不仅提升了区块链系统的安全性和可靠性，还为去中心化应用的发展提供了坚实的基础。

3.5 本章小结

本章系统地探讨了密码学在区块链技术中的重要性和应用。我们深入讨论了 Hash 函数的原理与作用、公钥密码的基本概念和常见算法，以及数字签名在保障区块链安全中的关键作用。这些基础知识不仅是理解区块链技术的关键，也为读者提供了解决区块链中的安全和隐私问题的关键工具。通过本章的学习，读者不仅能够掌握密码学的基础知识，还能深入了解密码学在区块链中的实际应用，为进一步探索和应用区块链技术奠定了坚实的基础。

3.6 思考题

1. Hash 函数在区块链中的作用是什么？请结合比特币的区块结构进行说明。
2. 比较 MD5、SHA-1 和 SHA-256 算法的安全性，分析 SHA-256 为什么成为区块链中的主要 Hash 算法。

3. 解释公钥密码体制与对称密码体制的区别,并举例说明公钥密码在区块链中的应用。
4. 描述 RSA 算法的基本原理,并讨论其在区块链中的应用场景。
5. 什么是椭圆曲线加密算法(ECC)？为什么它被广泛应用于区块链中？请举例说明。
6. 数字签名在区块链中的具体应用有哪些？请详细描述其中两个应用场景。
7. 群签名和环签名有什么区别？讨论它们在区块链中的潜在应用。

通过这些思考题,学生将能够更好地理解和掌握区块链技术中涉及的密码学概念和应用,进一步巩固对区块链安全机制的认识和理解。

第 4 章　区块链数据结构

4.1　区块链组成

作为当今数字世界的重要基石，区块链技术的核心组成单元是区块。每一个区块都承载着区块链网络中大量的关键信息，并通过特定的结构和独特的链接方式，彼此串联，最终形成了一个安全、不可篡改的链式数据结构。正是这些区块间严密的相互连接，使得区块链成为一个高度去中心化和分布式的网络系统，确保了数据的完整性和安全性。

本节将详细介绍区块链的基本组成部分，其中包括区块、区块结构的组成细节、区块头（包含时间戳、哈希值等关键要素）和区块体（记录具体交易数据或其他信息的存储区）。为了便于更好地理解区块链的整体架构和运作原理，本节还将引入"节点"这一概念。节点不仅是区块链网络的支撑，也是各区块数据在网络中流转的关键参与者，通过它们的协同作用，区块链系统的分布式特性得以实现和强化。

▶ 4.1.1　区块

区块链（block chain）是由一系列按照时间顺序排列的区块（block）组成的链式数据结构，区块是区块链上的基本数据单元，每个区块中都包含了整个区块链网络中部分的交易数据，并通过加密技术确保数据的安全性与完整性。这些通过特定方式相互连接的区块，在区块链网络中形成了一个不断增长的、去中心化的分布式账本。区块链如图 4-1 所示。

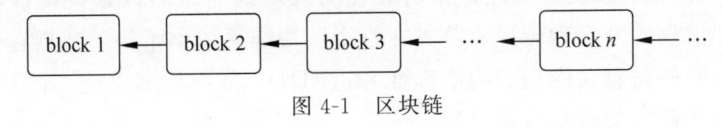

```
block 1 ← block 2 ← block 3 ← … ← block n ←
```

图 4-1　区块链

▶ 4.1.2　节点

在深入了解区块内部的结构之前，我们要先了解"节点"这个概念。

节点是区块链网络中的参与者，它们可以是个人计算机、服务器或其他网络设备。区块链具有去中心化的特性，这意味着数据不是集中存储在一个中心服务器上，而是分散在多个节点上。每个节点都保存有区块链网络的完整或部分数据，这些节点通过共识机制，依靠网络进行通信，来确保数据的一致性和安全性。除此之外，节点还可以发布、校验新区块，并且对区块链中存储的交易数据进行校验，参与到区块链网络的维护中。

区块链中常见的节点有三种：全节点、轻节点与矿工节点。

1）全节点

全节点是区块链网络中最关键的节点类型，它们维护着区块链账本的完整副本。全节点通过下载并保存区块链上的每个区块来保持同步。它们不仅存储了最新的区块和交易信息，还包含了整个区块链的历史数据。所以，全节点能够独立验证区块链上的所有交易，而无须依赖其他节点。全节点是区块链网络的支柱，对于维护其完整性至关重要。全节点通常由区块链开发人员、加密货币爱好者和需要对其区块链交易进行高度安全性和控制的组织运行。

2）轻节点

轻节点是全节点的简化版本，对硬件和网络资源的需求较低，适用于大多数普通用户。轻节点不会保存完整的区块数据，而只会下载其中的一部分。这也使得轻节点比全节点更快、更高效，但需要依赖全节点进行工作。

3）矿工节点

矿工节点的主要任务是将交易等数据打包和生成新区块。矿工节点通过解决特定的复杂数学难题来竞争获得记账权，所谓"记账权"指的就是将一段时间内发生的交易进行确认，打包成区块，链接到最长的区块链上，从而获得相应的奖励。

我们把这个"解决数学难题"的过程形象的称为"挖矿"，一旦矿工节点计算成功，可以看作这个节点"挖到了矿"，就有权利将自己打包好的交易信息作为一个新的区块添加到区块链中，并获得"挖矿奖励"。

一个节点可以同时具备全节点和矿工节点的功能。这样的节点可以存储整个区块链并验证所有区块内容和每笔交易，同时也可以参与挖矿活动，试图创建新的区块并获取奖励。这样的设计使得区块链网络更加灵活和高效，能够适应不同的应用场景和需求。

理论上讲，为了节省存储空间和带宽资源，虽然轻节点也可以作为挖矿节点参与挖矿活动。然而，在实际应用中，由于挖矿需要较高的计算能力和稳定性，通常会选全节点作为矿工节点来运行，以确保能够及时地验证和打包交易，并参与到区块链网络的共识机制中。

在区块链网络中，节点负责维护区块链的完整性和安全性，而区块则是区块链上的数据单元，用于记录交易和其他信息。节点通过验证和添加新的区块来更新区块链，而区块则按照时间顺序不断添加到区块链中。因此，区块和节点在区块链技术中扮演着不同的角色。

补充内容：

节点与矿工的区别：区块链节点是指所有参与区块链网络的计算机设备，这些设备通过互联网连接，实现信息的共享和传递。节点在整个区块链系统中承担了数据存储、信息验证和转发等关键任务，确保信息在网络中的准确性和透明性。节点根据功能不同可以分为多种类型，其中普通节点和矿工节点是最常见的。

矿工是区块链网络中的一种特殊节点，通过提供计算资源来解决复杂的数学问题，从而生成新区块并将其添加到区块链上。通过这种计算工作，矿工不仅获得加密货币奖励，同时也为整个网络提供了算力支持，保障了区块链系统的安全性和稳定性。然而，节点不一定都具备挖矿能力，部分节点不参与计算竞赛，而是在网络中承担信息验证、转发和存储的功能。这些非挖矿节点通过验证交易、确保数据的完整性和同步性，在维护区块链网络的去中心化特性上起到了重要作用。

因此，所有节点共同构成了区块链网络的基础支柱，不论是否挖矿，都在保障区块链系统的分布式、去中心化和高度安全性方面扮演着不可或缺的角色。

4.1.3 区块结构

区块是构成整个区块链网络的基本单元，每个区块都承载着网络中的一部分交易信息。在此我们先对区块的基本结构进行简要介绍。

区块由两部分组成：区块头和区块体。区块结构如图4-2所示。

图 4-2　区块结构

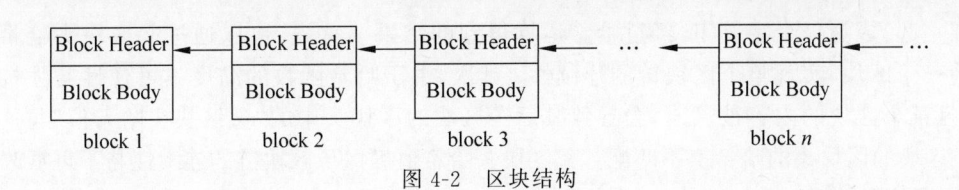

（1）区块头。

区块头（Block Header）是区块的核心组成部分，负责为每个区块提供唯一的标识，同时建立起区块与前后区块之间的关联，从而实现区块链的链式结构。区块头中包含了一些至关重要的信息，如时间戳、前一区块的哈希值、当前区块的哈希值、默克尔根（用于总结和验证区块内所有交易的哈希值）以及其他必要的元数据。尽管区块头本身并不包含具体的交易信息，但它提供了验证和追溯区块内容的依据，确保了整个区块链的连续性、数据的完整性以及不可篡改性，使得区块链系统具备高安全性和去中心化的特性。

（2）区块体。

区块体（Block Body）是区块中实际存储交易数据的部分，包含了该区块内所有的具体交易信息，是记录区块链网络活动的核心。每个区块体中都记录了区块链网络中的一部分交易，这些交易数据反映了网络中的资产转移、账户状态变更等重要事件，逐层叠加形成了区块链网络中的全部交易历史。

在绝大多数区块链应用中，交易数据是区块体的核心内容，构成了区块链技术的基础功能之一——透明、可追溯的交易记录。然而，在某些特定的区块链系统中，区块体中除了交易数据外，还可能存储与区块链运行机制和激励机制相关的信息。例如，在一些使用智能合约的区块链系统中，区块体可能会记录与合约执行、节点奖励、激励分配等方面的细节数据。这些扩展数据进一步丰富了区块体的功能，使得区块链不仅是交易记录的工具，更成为复杂系统中数据存储与流程管理的重要组成部分。

▶ 4.1.4　区块头

区块头是区块链技术中的关键组成部分，它包含了区块的元数据（Metadata）信息。比特币中的区块头结构如图 4-3 所示。在不同的区块链应用中，虽然区块头中的信息可能略有差异，但一般来说，区块头包括以下部分，并通常具有特定的大小。

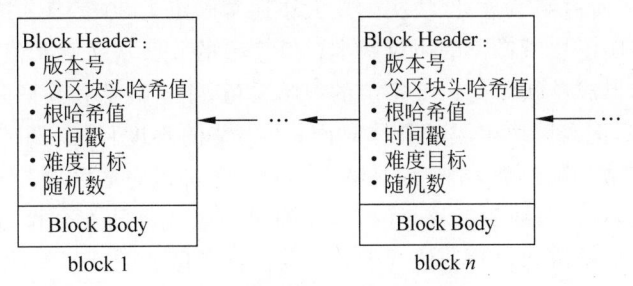

图 4-3　比特币中的区块头结构

1. 版本号

版本号（Version）是用于标识区块链当前版本的协议版本，主要用于帮助用户区分和校验当前的区块链是否为最新版本。

2. 父区块头哈希值

父区块头哈希值（Previous Block Hash）是将前一个区块头中的所有字段按照特定的顺序

组合在一起，成为一个字符串，经过哈希运算得到的结果。首先，可以通过父区块头哈希值追溯到前一个区块，实现整个区块链的连续性；其次，由于哈希函数的高度不可逆性与强抗碰撞性，一旦某个区块的内容被篡改，会导致其后子区块的区块头中的"父区块头哈希值"与这个被篡改的区块的区块头的哈希值不匹配。父区块头哈希值确保了区块链的连续性与不可篡改性。

3．根哈希值

将本区块体中的所有数据以树的结构进行存储，再对这棵树的根节点进行哈希运算，得到的结果就是根哈希值（Merkle Root）。由于哈希函数的特性，如果区块体中的任何一条数据被篡改，会直接导致根哈希值改变，从而改变本区块的区块头。也会导致其后子区块的区块头中的"父区块头哈希值"与这个被篡改的区块的区块头的哈希值不匹配。根哈希值确保了区块中保存的数据的存在性和完整性。根哈希值是整个默克尔树所有数据的唯一标识，任何数据的变动都会导致其变化。

4．时间戳

时间戳（TimeStamp）是一条时间信息，用于标记区块生成的时间。一般以 UTC 格式表示。UTC 格式：UTC 时间的表示格式采用了 24 小时制，具体格式为 hh:mm:ss（时:分:秒）。

5．难度目标

难度目标（Target）表示本区块的挖矿难度。

6．随机数

在挖矿过程中，节点会通过调整随机数（Nonce）的值来使得本区块头满足难度目标。

比特币中的区块头结构所占字节数如表 4-1 所示。

表 4-1　比特币中的区块头结构所占字节数

区块头元数据	大小（通常情况）
版本号	4byte
父区块头哈希值	32byte
根哈希值	32byte
时间戳	4byte
难度目标	4byte
随机数	4byte

基于以上各部分所占字节数，区块头的总大小通常固定为 80 字节。这 80 字节包括：4 字节的版本号，用于表明区块所遵循的协议版本；32 字节的父区块头哈希值，确保每个区块都能与上一个区块相连，形成链状结构；32 字节的根哈希值，用于概括和验证区块中的所有交易数据；4 字节的时间戳，记录区块生成的具体时间；4 字节的难度目标，调节挖矿难度以维持出块时间的稳定；4 字节的随机数，用于满足特定的哈希条件以完成区块验证。

这些信息共同构成了区块头的核心内容，并确保了区块链的安全性、稳定性和去中心化。具体来说，父区块头哈希值和根哈希值的设计不仅保证了区块的不可篡改性，还为交易数据的快速追踪提供了支持；时间戳和难度目标则保证了网络的稳定性，使得区块生成和网络运行的节奏可控。这些特性共同促成了区块链系统在去中心化环境下的高效性和安全性，确保用户和节点能够放心地参与网络活动。

至于区块头的大小是否有限制，通常取决于特定的区块链实现和协议设计。在比特币中，区块头的大小是固定的，即如上所述为 80B，以确保其轻便性和可验证性。然而，在其他区块链项目中，区块头大小可能有所不同，这取决于它们的功能需求和设计取舍。例如，一些区块链可能会在区块头中添加额外的信息字段，以支持更复杂的功能，这会导致区块头的大小发生变化。

4.1.5 区块体

区块体是区块链技术中的重要组成部分，位于区块链的每个区块中，是数据真正进行存储的地方。每个区块体都包含了一系列交易数据，这些数据被安全地存储并链接到区块链中，以确保其完整性和不可篡改性。区块体中的数据结构如图 4-4 所示。

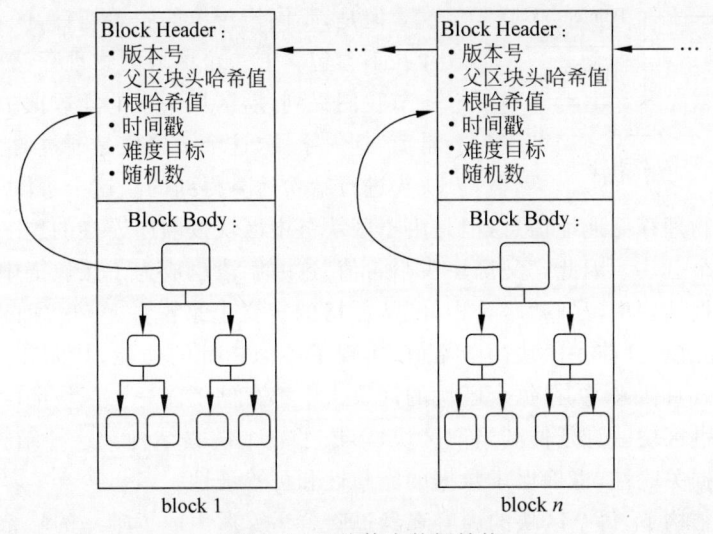

图 4-4 区块体中数据结构

区块体中包括各种类型的交易信息，如货币交易、数字资产的转移等。这些交易数据以特定的格式进行编码，并经过加密处理。

除交易数据外，区块体还可以存储如交易费用、生成奖励等一些额外的信息。这些信息对于区块链的运行和激励机制非常重要，可以确保网络中的节点有动力参与验证和记录交易。

各种信息以"Merkle 树"的数据结构在区块体中进行存储，Merkle 树的根节点能够代表区块体中的所有数据信息，根节点的值根哈希值又保存在本区块的区块头中，来维护区块链的安全性、高效性。

我们提到过，全节点会下载整个区块链中的所有区块，节点在"挖矿"成功之后会上传区块。在区块头的大小已经确定的前提下，区块的大小就限制了区块体的大小，进而限制了区块体能够存储数据的多少。因此，为了防止因区块过大而导致的网络拥堵与延迟，不同区块链应用会以区块链算法和共识机制为基础，根据自身的需求和设计来选择不同的区块大小。

目前，比特币的区块大小为 1MB。然而，需要注意的是，由于引入了隔离见证（SegWit）等技术，区块中实际可用的存储空间在 1MB 的基础上有所增加。这些技术调整旨在提高比特币网络的吞吐量和效率，同时保持其安全性和去中心化的特性。未来，比特币社区可能会继续探索和调整区块大小限制，以适应网络的发展和需求。

4.2 区块链中的数据结构

本节将深入探讨区块链中常用的几种关键数据结构，这些数据结构不仅构成了区块链技术的基础，还为实现区块链的各种功能提供了支持。我们将依次介绍哈希指针、默克尔树、默克尔证明和布隆过滤器,并解释它们在区块链中的应用和重要性。

▶ 4.2.1 哈希指针

哈希指针(Hash Pointer)是一种特殊类型的指针,传统的哈希指针中包含被指向数据的地址,还包含了该数据的哈希值,这种双重引用机制确保了数据的完整性和可验证性。对哈希指针这种数据结构的应用,能够将区块相连构成具有链式结构的区块链。哈希指针如图 4-5 所示。

但是,不同于传统的哈希指针,区块链中的哈希指针并不会包含上一个区块的物理存储地址信息。在前一节我们提到过,区块头中的元数据中有"父区块头哈希值"这一字段,这个哈希值是通过对上一个区块的区块头进行哈希运算得到的。这个字段中虽然不直接包含上一个区块的物理存储地址信息,但是由于区块链中区块按顺序连接的这一结构特性,可以间接地找到前一个区块。因此,"父区块头哈希值"这一字段也成为了区块链中的哈希指针。

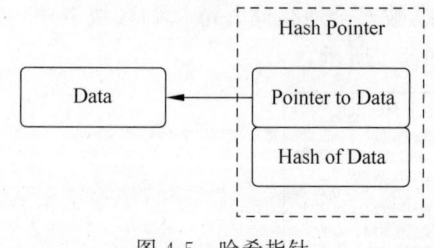

图 4-5 哈希指针

在区块链数据结构中,尽管"哈希指针"从严格的定义上来说并不包含前一个区块的实际内存地址,但它通过包含前一区块的哈希值,实现了类似指针的功能,从而在逻辑上连接了区块链的每个区块。具体来说,在每个区块的区块头中都存储了前一个区块的哈希值,这一设计使得区块链从创世区块一直延伸到当前区块,形成了一个链式结构。这种结构不仅为区块链提供了严谨的数据关联性,也确保了数据的完整性和可验证性。

在这种链式结构下,每个区块的内容在经过哈希运算后生成了唯一的哈希值,这个哈希值会存储在后续区块中作为"父区块哈希值"。因此,一旦链上某个区块的任何信息被篡改,该区块的哈希值就会发生变化,随即导致与其后一个区块中记录的父区块哈希值不匹配。这种严格的哈希连接机制,确保了区块链的不可篡改性。即便某人试图修改链上的一个区块,不仅会破坏当前区块的哈希值,还会在整个链上引发后续区块的一连串不匹配,除非重新计算链上所有区块的哈希值(这在工作量证明机制中极其困难),才能修复这一异常状态。

此外,这种链式哈希结构也赋予了区块链高度的可追溯性,任何交易或数据都可以通过遍历链上存储的哈希指针找到其来源。区块链的这种设计,使得每个区块不仅是数据的容器,也是验证链条完整性的核心单元,从而实现了去中心化环境下对数据的可信性保障。

下面这个例子可以更直观地理解哈希指针在区块链中的实际应用。

如图 4-6 所示,假设我们有一个简单的区块链,其中包含三个区块 A、B 和 C。区块 A 是第一个区块,也称为创世区块。它包含了一些初始数据,并通过哈希函数计算得到了一个哈希值 $H(A)$。

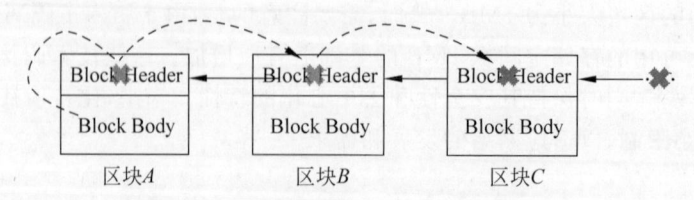

图 4-6 哈希指针在区块链中的实际应用

区块 B 在区块 A 之后被创建。它包含了新的数据,并且在其头部包含了区块 A 的哈希值 $H(A)$ 作为指向区块 A 的哈希指针。然后,区块 B 的数据也被哈希函数处理,生成了一个

新的哈希值 $H(B)$。

类似地，当区块 C 被创建时，它包含了新的数据，并在其头部包含了区块 B 的哈希值 $H(B)$ 作为指向区块 B 的哈希指针。然后，区块 C 的数据也被哈希函数处理，生成了一个新的哈希值 $H(C)$。

通过这种方式，区块 A、B 和 C 通过哈希指针连接成了一个有序的链表结构，即区块链。由于哈希值的唯一性，任何对区块内容的修改都会导致其哈希值的变化，从而破坏整个区块链的完整性。因此，区块链通过哈希指针实现了数据的不可篡改性。

▶ 4.2.2 默克尔树

节点收到交易信息等数据并且将其打包成区块之后，攻击者依然可能会对区块中已有的数据信息进行插入、删除、修改等攻击。那么该如何保证区块内的这些交易数据不被篡改呢？

我们已经知道，区块分为区块头和区块体，以交易信息为主的数据存储在区块体中，如表 4-2 所示。

表 4-2 区块头和区块体

区块头：记录区块的元数据信息	元数据
区块体：记录以交易信息为主的数据	$tx1$
	$tx2$
	$tx3$
	⋮
	txn

表中的 $tx1$、$tx2$ 等表示区块体中存储的交易等信息。为了防止攻击者对交易信息的攻击，我们当然可以将区块体中所有的数据直接相连后，通过哈希函数生成一个数字摘要（H＝Hash($tx1+tx2+tx3+\cdots+txn$)），将这个 H 记录在区块头，这样我们很容易识别出整个区块中的数据信息是否被篡改。

在区块链的实际使用中，对交易的存储思路与上述方法类似，但是更加优化。我们使用的是一种叫作默克尔树（Merkle Tree）的数据结构对交易进行保存，如图 4-7 所示。

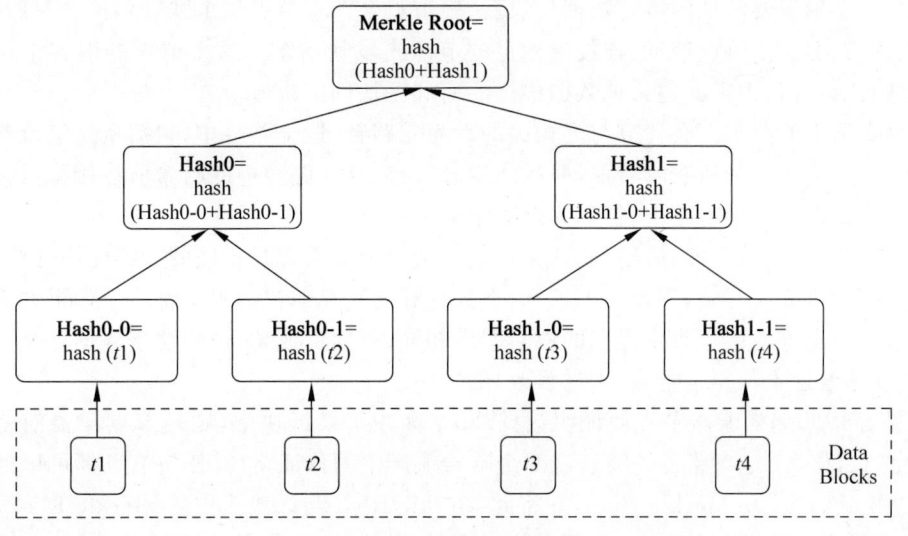

图 4-7 默克尔树

通常情况下，默克尔树被实现为二叉树，但也可以是一个 n 叉树，每个节点可以有 n 个子节点。在多数区块链应用中，每个区块体包含的数据信息会被收集起来，形成一个交易列表，这个列表中的每条数据作为一个数据块（Data Block）都会被计算出一个哈希值，保存在默克尔树的每个叶子节点中。

接下来，通过递归地将相邻叶子节点的哈希值进行组合并再次进行哈希计算，不断向上计算，最终生成一个为一个默克尔根（Merkle Root），这个默克尔根会作为根哈希值被存储在区块头中。

由于默克尔树的每一个非叶子节点的值都是其所有子节点值的哈希运算结果，所以当默克尔树中的一条数据被篡改时，这个改动会逐级向上传递，影响它所有的父节点。最终，这种变动会传递到默克尔树的根节点，导致根哈希值也发生变化，使本区块头中的根哈希值与下一个区块头中存储的本区块的区块头信息不符，进而使区块链的验证失败。

假设区块中共有 n 笔交易，当发现数据有被攻击的痕迹时，要找出被攻击的数据，如果不使用默克尔树，需要遍历区块体中的每一条信息，此次查找被攻击的数据的时间复杂度是 $O(n)$。但是在默克尔树结构中，只需要从被改变数值的节点开始，逐级向下寻找被篡改的子节点，即可确定被篡改的交易所在的位置，此时，时间复杂度是 $O(\lg n)$。从这种角度来看，默克尔树也可以优化检索过程。

4.2.3 默克尔证明

全节点是区块链网络中的完整节点，它们下载、验证和存储整个区块链的数据。因此能够不通过默克尔证明，而独立验证整个区块链历史记录；相比之下，轻节点不存储完整的区块链数据，而是通过与全节点交互来获取所需的信息，所以轻节点需要使用默克尔证明来验证特定状态是否存在。

默克尔证明（Merkle Proof）是一种在区块链中用于验证某一特定交易（数据信息）确实存在于某一区块内的机制。通过默克尔证明，轻节点可以在不下载整棵默克尔树的前提下验证某个交易（某条数据）是否存在于区块中。

当一个节点（轻节点）想要验证某笔交易（某条数据信息）是否存在于某个区块中时，它可以向全节点请求默克尔证明。

在轻节点确定要验证的特定数据信息后，轻节点会向全节点请求默克尔树。一般来说，轻节点会选择具有更快响应速度、连接更稳定的节点来发送请求。这个请求的内容中包含目标数据信息的哈希值，也需要包括该数据信息的所属区块的区块号。

接收到请求的全节点会计算与之相关的默克尔路径，这个路径中，包括从这笔待验证数据到根节点这一路径中的所有哈希值，并返回给轻节点，这一路径中的哈希值连接了目标交易的哈希值和默克尔树的根哈希值，被称为默克尔证明的路径。

轻节点收到后，首先通过计算验证路径上的哈希值是否都是正确的。再使用这些哈希值，从目标数据的哈希值开始，逐步向上计算，直到计算出默克尔树的根哈希值。如果计算出的根哈希值与轻节点中该区块头中保存的根哈希值相同，则验证成功，说明这条数据存在于这个区块中，即意味着这条数据是合法（未被篡改）的。

如图 4-8 所示，若某轻节点要证明数据块 $t1$ 存在于某区块中，则轻节点需要向全节点请求 Hash0-1、Hash1 这条路径。通过这两个哈希值产生的认证路径，任何节点都可以通过先后计算 Hash0-0、Hash0、Merkle Root，并将此 Merkle Root 与区块头中的 Merkle Root 相对照，来证明 $t1$ 包含在此默克尔树中，进而能够证明 $t1$ 包含在该区块中。

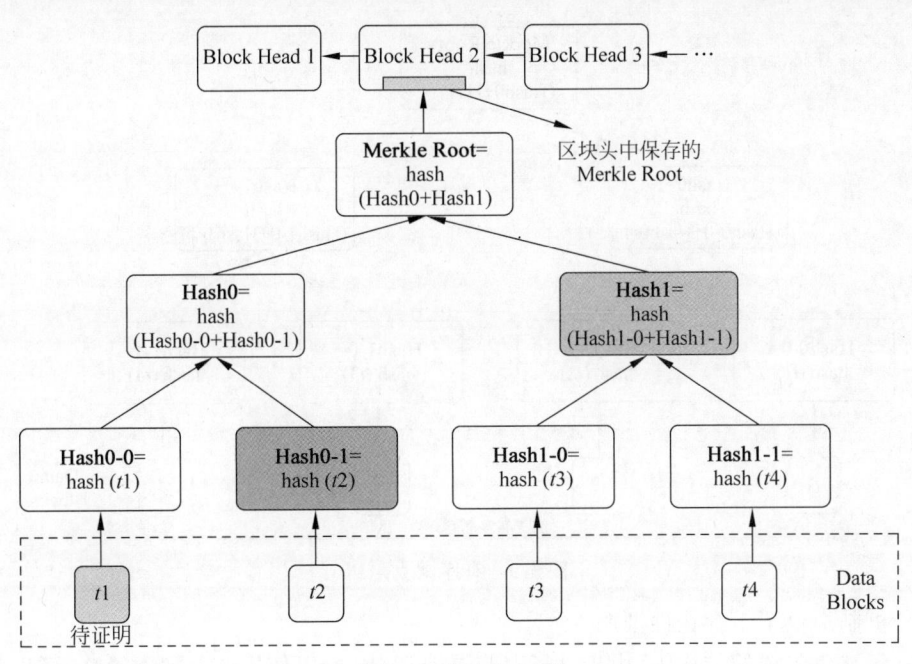

图 4-8 默克尔证明

在默克尔证明的过程中,如果在中间某一步就发现哈希值对不上,那么已经足够证明目标交易并不存在于该默克尔树中,因此不需要继续计算到根节点。这样可以节省计算资源和时间,提高验证的效率。

默克尔证明的优点在于其高效性。由于只需要传输和验证默克尔证明路径上的哈希值,而不是整个默克尔树或整个区块,大大减少了数据传输和验证的复杂性和成本。这使得默克尔证明在区块链等分布式系统中具有广泛的应用价值。

如前文描述,通过默克尔证明,默克尔树能高效地够提供存在性证明,但是如果要证明某条数据不存在于默克尔树中(即提供不存在性证明),则需要遍历默克尔树的所有叶子节点,此时时间复杂度为 $O(n)$,效率较低。

存在性证明(Proof of Membership)是一种数学或逻辑上的证明方法,用于证明某个对象或元素在特定的集合或结构中确实存在。在此指的是一种能够证明某个数据块或交易在区块链的某个区块中确实存在的机制。

不存在性证明(Proof of Non-membership)是一种证明某个对象或元素在特定的集合或结构中不存在的机制。在传统的数学和逻辑系统中,直接证明某个元素不存在通常比证明其存在更加困难。在区块链和默克尔树的上下文中,不存在性证明通常不是通过直接方式提供的,因为默克尔树和区块链结构本身并不直接支持证明某个数据块或交易不存在。

为了解决传统默克尔树不能高效地提供不存在性证明的问题,我们在此引入"有序默克尔树"的概念。

有序默克尔树(Sorted Merkle Tree)是对默克尔树的一种扩展,如图 4-9 所示。在有序默克尔树中,会先对叶子节点进行排序后,再存储到默克尔树结构中,这使得验证某个数据项是否不存在成为可能。

在一个默克尔树的叶子节点是有序的前提下,当试图证明一个目标数据不存在于某个区块中时,可以通过生成 pre(小于目标数据的最大数据)和 next(大于目标数据的最小数据)数据块,证明它们在排序后的叶子节点中位置相邻。从而证明目标数据并不在区块的交易列表

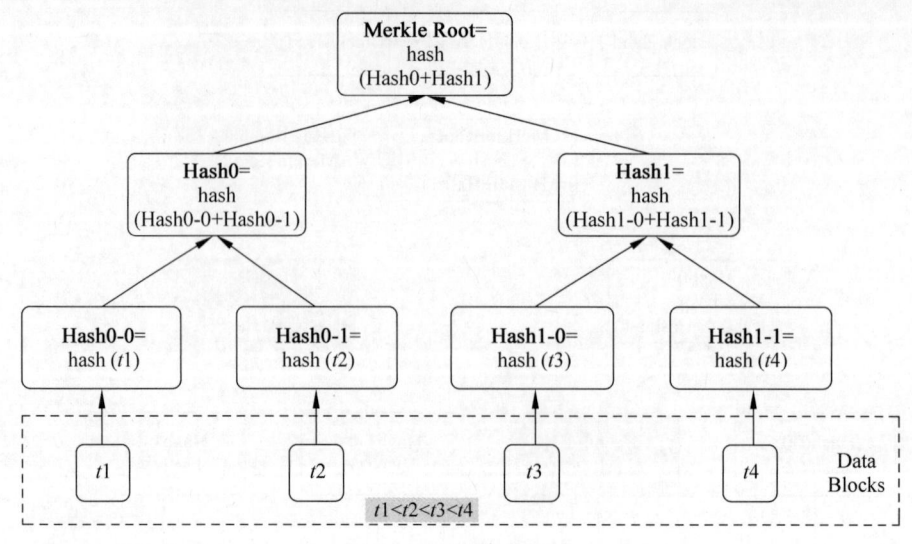

图 4-9　有序默克尔树

中。这种机制提供了不存在性证明。

在有序默克尔树的结构中，由于叶子节点是有序的，所以使用二分搜索策略，可以将"提供不存在性证明"的时间复杂度可以降低到 $O(\log n)$，如图 4-10 所示。

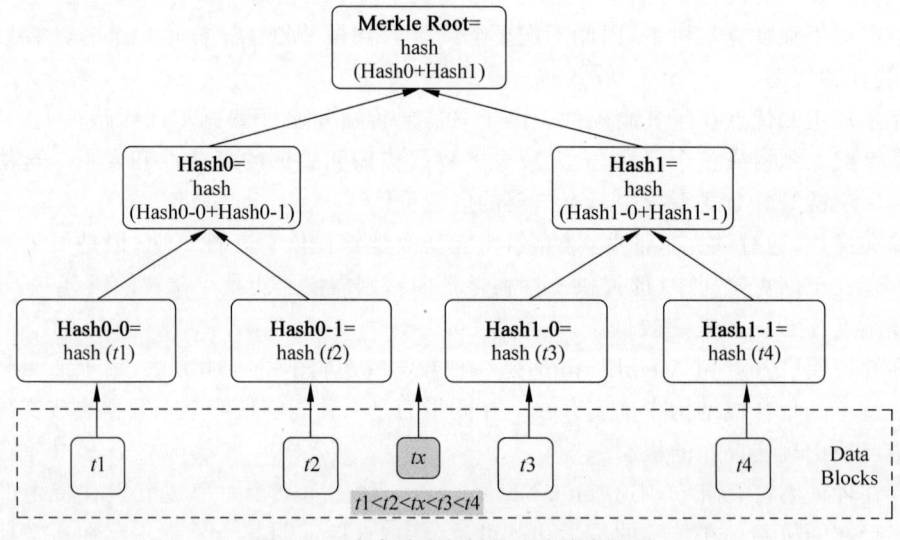

图 4-10　有序默克尔树的二分搜索策略

若证明目标数据块 tx 不在此默克尔树中，只需在默克尔树的叶子节点中进行搜索，证明 tx 的 pre 叶子节点为 $t2$ 的同时，tx 的 next 叶子节点为 $t3$。由于树状结构中，$t2$ 与 $t3$ 相邻，所以可为"tx 不在此默克尔树中"提供证明。

但是，相对于传统的默克尔树，因为需要在生成树状结构时对叶子节点进行排序，有序默克尔树在进行组装时一般会造成更大的时间代价。相比之下，传统的无序默克尔树在组装时不需要对数据进行排序，只需要将数据的哈希值依次添加到树中即可。因此，在组装过程中，无序默克尔树的时间代价相对较低。

在区块链的实际应用中，比特币使用的是传统默克尔树，而以太坊的账户状态树就使用了有序默克尔树。

4.2.4 布隆过滤器

布隆过滤器(Bloom Filter)于 1970 年被布隆提出,主要用于检索某条数据是否已经存在于特定集合中,并且具备极高的空间效率和 $O(1)$ 时间复杂度的查询时间。

布隆过滤器通常指的是一个长度为 m 的初始值都为 0 的二进制数组,当向特定集合中插入数据时,布隆过滤器会求得此条数据的 k 个特征字段,然后将这 k 个字段映射到长度为 m 的二进制数组的某个位置,并将对应位的值设置为 1;当需要查询某条数据是否存在时,对待查询数据使用同样的方法获取它的 k 个特征字段,并查询二进制数组中对应的 k 个值是否都为 1,如果这 k 个位置同时为 1,则说明本条数据大概率已存在于改特定集合中;如果任意位置为 0,则证明该数据必然不存在。

在实际的应用中,获取数据特征字段的方法有很多,常见的布隆过滤器都是通过 k 个不同的哈希函数处理元素,从而得到 k 个特征字段。

假设 m 取 10,k 取 3;假设以下等式成立,则布隆过滤器的流程如图 4-11 和图 4-12 所示。

$$hash1(data1) = 2$$
$$hash2(data1) = 5$$
$$hash3(data1) = 6$$
$$hash1(data2) = 0$$
$$hash2(data2) = 3$$
$$hash3(data2) = 6$$

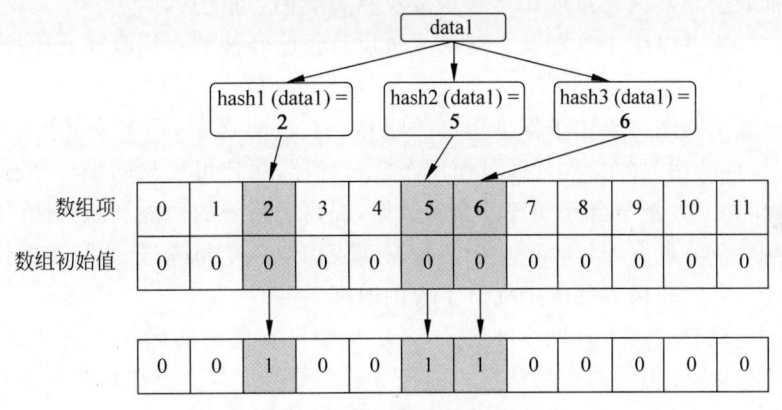

图 4-11 布隆过滤器的流程(1)

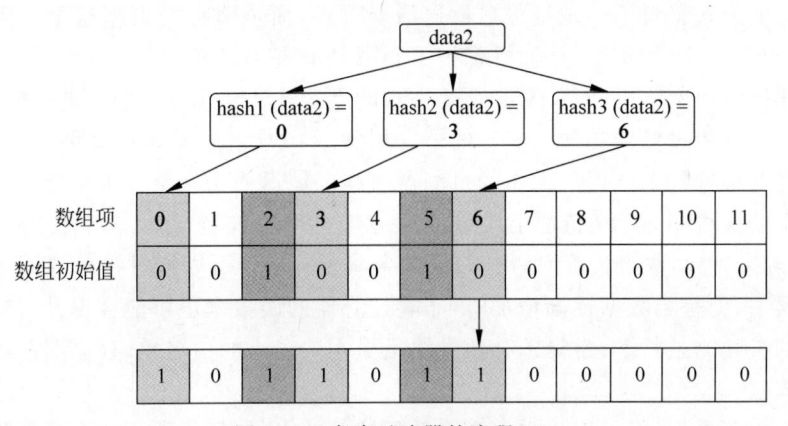

图 4-12 布隆过滤器的流程(2)

由于在此布隆过滤器中，在已知特定集合中只有数据 data1 的前提下，data2 经过滤后的特征字段与集合中已有的特征字段不完全相同，所以可直接证明 data2 不存在于此特定集合中。

前面我们提到，默克尔树能够提供存在性证明，如果需要提供不存在性证明，则可能会应用到有序默克尔树，但是有序默克尔树会在组装时花费更多的时间资源。

当布隆过滤器对 n 条数据进行存储时，只需要对过滤器本身的 m 位二进制数组进行存储，这在极大程度上降低了存储开销；同时，在实现 $O(1)$ 查询时间复杂的同时能够保证"不存在"这一查询结果 100% 准确；并且由于 k 个哈希函数相互独立，便于硬件并行实现。布隆过滤器依靠以上特点，现已成为了区块链中的重要数据结构。

尽管布隆过滤器在证明"存在性"时，有一定的错误率，但是可以通过调整过滤器长度 m 和字段数量 k 来将错误率降到一个很低的水平。

当构造可记录 n 条数据的布隆过滤器时，布隆过滤器的大小 m 和特征字段个数 k 的最优选择可通过以下公式获得：

$$k = \frac{m}{n} \ln 2$$

$$m = -\frac{n \ln p}{\ln 2}$$

其中 p 表示预期错误率。因此，在布隆过滤器中，布隆过滤器的二进制数组位数 m 和特征字段数量 k 并不是恒定的，而是需要根据实际情况进行调整。

近年来，布隆过滤器被大量应用于区块链及相关应用场景中。

在区块链中，这可以用于判断某个交易或区块是否已经被节点接收或处理过，从而避免重复同步或处理。

此外，布隆过滤器还可以用于保护用户的隐私。在公有链中，所有交易都是公开的，但用户可能只关心与自己相关的交易。通过使用布隆过滤器，用户可以只同步与自己相关的交易，从而避免同步和处理大量与自己无关的交易数据，提高了系统的性能和隐私性。

在以太坊中，全节点会为每个区块中的数据列表构建一个布隆过滤器，用于快速确认数据不在对应区块中，以此在极大程度上提升了查询效率。

在比特币中，轻节点通常只保存区块头，区块头中没有完整的区块数据，因此轻节点无法直接查找自己账户地址相关的交易信息。当轻节点需要查询与自己账户地址相关的数据信息时，它会向全节点发送请求。为保护自己的隐私，避免泄露自己的账户地址等信息，轻节点会以布隆过滤器的形式将自己的地址信息发送给全节点，而全节点会根据这个布隆过滤器返回可能与该地址相关的数据信息，从而既保护了隐私又节省了带宽。

结合上述比特币网络中的例子，必须要提到的是：当轻节点与全节点进行通信时，它们需要确保所使用的布隆过滤器参数是兼容的。这通常意味着它们需要在某种程度上达成一致，以便全节点能够根据轻节点提供的布隆过滤器来准确地返回与轻节点地址相关的数据信息。

由误判率公式可知，在 k（特征字段数量）一定的情况下，当 n（集合中数据条数）增加时，误判率增加，m（二进制数组长度）增加时，误判率减少。尽管可以通过参数的调整来降低布隆过滤器的错误率，但是当数据逐渐增加时，布隆过滤器的误报率也可能会提升。在不改变布隆过滤器本身的参数的条件下，常见的补救办法是引入一个小的白名单，存储那些可能被误判的元素。

通过引入白名单，我们可以将误报率降低到较低的水平，但仍然不能完全消除误报。因为白名单只能存储一部分实际存在于集合中的元素,而不是全部。因此,当布隆过滤器报告一个元素可能存在时,如果它不在白名单中,我们仍然无法确定它是否真的不存在于集合中,只能认为它可能是误报。

4.3 区块链的生成

本章将深入探讨区块链生成的全过程,包括区块的生成、传播以及校验。区块链作为分布式账本技术的核心,其生成过程不仅涉及单个区块的构建,还包括了网络中的共识机制、信息传播以及数据完整性的保障。在本节中,为方便叙述,我们简化地认为区块体默克尔树中的所有数据都是交易信息。

▶ 4.3.1 区块的生成

区块链是由一系列按照时间顺序排列的区块,在整条区块链中,第一个区块被称为创世区块(Genesis Block),它是整个区块链的起点。此后,新的区块不断生成,不断按照时间顺序通过哈希指针连接到前一个区块上。创世区块与它后面的区块不同,它不引用前面的区块,因为它前面没有区块。创世区块中包含了一些初始的交易数据与系统参数,这些数据信息都为后续区块的生成与验证提供了基础。它是独立的,标志着新区块链的开始。

在 4.1.2 节中我们提到过,矿工节点通过解决复杂的数学问题来争夺此时记账权。在此,我们先对"复杂的数学问题"做出解释。

在区块链中,特别是在比特币等基于工作量证明(Proof of Work,PoW)的系统中,"解决复杂的数学问题"实际上是一个寻找满足特定条件的随机数(nonce)的过程,这个过程就是区块的生成中的核心步骤,也通常是最耗时的一步,即"挖矿"。

在一个新区块被"挖出"并连接到区块链上后,所有的节点会收到这一广播消息。此时,所有节点会自动基于共识算法,利用最新上链的区块的信息计算出下一个区块需要满足的难度目标(target)值。

下一个区块的难度目标一旦确定,矿工节点就会开始进行这个竞争性的计算过程,每个矿工节点都在通过不断尝试随机数的值,来使得自己的区块头能够满足以下条件:

$$H(区块头) \leqslant target$$

$H()$ 为哈希函数,区块头中除随机数之外的其他元数据都是确定的,所以可以通过对随机数这一元数据的调整来计算不同的区块头哈希值。最先尝试出符合上述不等式的随机数的节点就在此时获得了发布区块的权利,在区块发布前,节点还会将该随机数与此时的难度目标都存储到自己的区块头中。在节点发布区块后,系统一般会给予节点一定量的奖励。

难度目标是一个动态调整的参数,用于控制新区块被挖出的频率。一般来说,会在每个区块出现后重新进行计算。它会基于整个网络中的算力进行调整,以实现一个稳定的出块速率,来确保区块链的稳定性和安全性。

例如,在比特币中,难度调整协议(Difficulty Adjustment Algorithm)规定了每隔 2016 个区块,比特币网络会自动根据前 2016 个区块的产生时间,调整挖矿的难度,即

$$\text{target} = \text{target} \cdot \frac{\text{actual time}}{\text{expected time}}$$

上式为赋值表达式,等号左侧的 target 是下一个区块需要满足的目标难度,等号右侧的

target是最新一个被写入区块链的区块满足的目标值；actual time是比特币系统中最新产生的2016个区块的实际时间，expected time则是比特币系统中预期产生2016个区块所需要的固定周期，这个周期大约为两周的时间。如果区块的实际产生时间比预期产生时间快，那么新的目标值target会变小，挖矿难度增大；如果区块的实际产生时间比预期产生时间慢，会导致新的目标值target变大，挖矿难度减小。难度调整的目的是保持比特币产生的速度大约为每十分钟一个区块。

在区块链系统中，无时无刻进行着各种交易。交易被发布经验证之后，并不会立即生效，而是会被暂时存储在一个交易池中，交易池中的交易按照一定的规则进行排序和匹配，具有不同的优先级。"记账权"指的是节点获得将交易池中的部分交易打包进入区块的权利。

在区块的生成过程中，"挖矿"步骤之前，矿工节点就已经将交易池中的部分交易按照优先级和自身偏好进行打包，并且已经组装了新区块除"随机数"字段外的所有数据。一旦"挖矿"成功，说明节点找到了恰当的随机数，此时宣告着新的区块的诞生。这个新区块一旦被成功添加到区块链中，其中包含的被打包的交易信息才被视为完成了交易过程。

当交易被添加到区块链中，它们将从交易池中被删除。此外，如果某个交易被标记为无效，它也将从交易池中删除。同时，交易池还会根据网络状态和规则进行更新和调整。

虽然先打包交易再寻找随机数可能会增加一些前期准备时间，但它有助于优化整个区块链网络的性能。在寻找随机数前，矿工已经确定了要包含的交易列表，所以一旦他们挖到矿就可以立即对新区块进行广播，其他节点可以迅速验证并接受这个区块，而无须等待额外的交易打包时间。

需要补充的是，节点是在打包好一些交易后进行随机数的尝试。而基本不会出现所谓的新的优先级更高的交易，从而使已经打包好的交易列表更新。因为在交易池中，交易的"块龄"是一个很重要的指标，所以发生较早的交易一般拥有更早的"块龄"，也就意味着它拥有更高的优先级。当然如果一个节点在挖矿过程中发现新的高优先级交易，它可能会选择将这些交易添加到下一个待挖的区块中，而不是修改当前正在挖的区块的交易列表。

特别要提到，在比特币挖矿计算的过程中，可用的随机数可能不够多，在只调整nonce值的情况下，无法使不等式

$$H(区块头) \leqslant target$$

成立。这个时候可以通过调整区块体中可由此区块的节点编辑的交易信息（出块奖励），来改变默克尔树的根节点，使区块头中的"根哈希值"字段发生改变，进而改变整个区块头的哈希值，使该不等式成立。

4.3.2 区块的传播

区块的传播是区块链技术中的关键环节，它确保了区块链网络的同步与数据的完整性。

在节点完成了对交易的打包，并先于其他节点完成挖矿工作后，意味着新区块的诞生。此时，这个完整的区块会通过P2P网络将新区块广播到整个区块链网络的其他节点。其他节点在接收到区块并对其进行验证后，会将其添加到自己的区块链副本中，从而更新整个网络的区块链状态。

区块的大小也会影响传播延迟，延迟时间几乎和区块大小成正比。在去中心化的P2P网络中，每个诚实的节点在转发该区块给其他对等节点之前都要验证该区块，这会导致一定的传播延迟。

对等网络协议（Peer-to-Peer Networking）是区块链网络中最常用的通信协议，上述区块传播过程就以这种协议为基础实现，如图 4-13 所示。P2P 网络中，每个节点可以直接与它的邻居节点通信，共享资源，而无须通过中央服务器。以区块的传播为例，当一个区块被一个节点发布时，会被这个节点进行广播，发布区块的节点的邻接点们会收到这个区块。然后，收到这个区块的邻居节点会再次将这个区块进行广播，再给它们的邻居节点。这种方式可以确保大多数或所有节点都能快速收到并且验证交易（但是并非所有节点都会立即收到）。

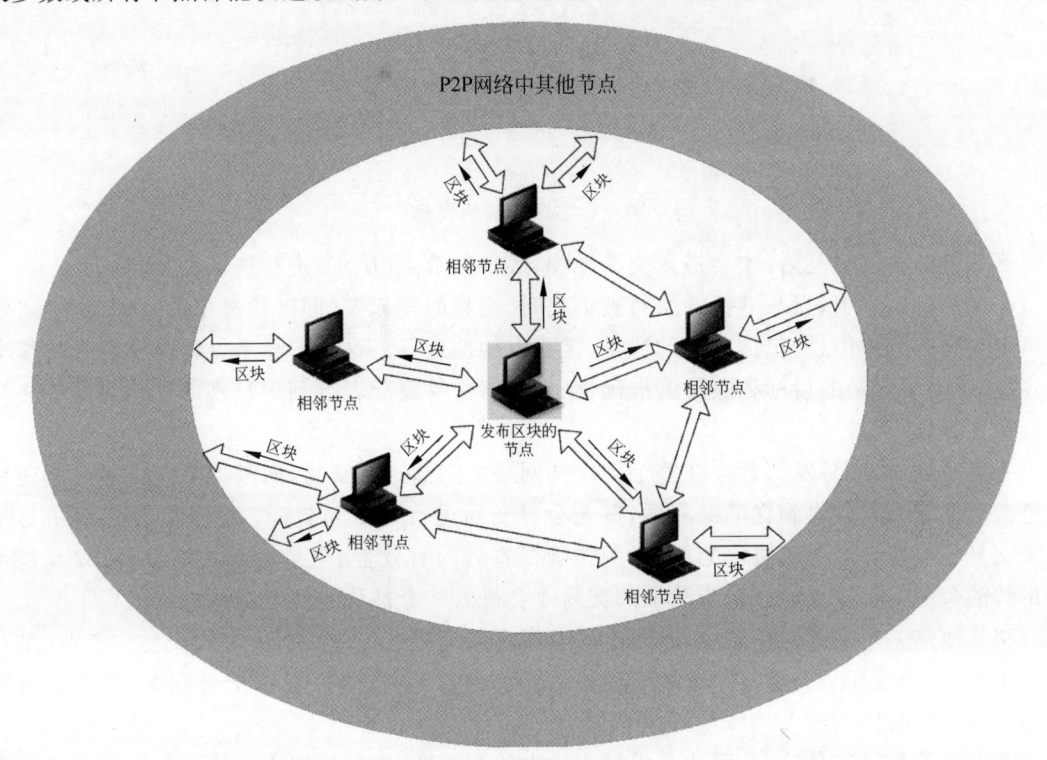

图 4-13　对等网络协议

节点间通信的基本协议是区块链网络正常运行的基础，不同的通信协议会对区块传播效率和安全性产生显著影响。高效的通信协议能够确保新区块在最短时间内传播到整个网络，从而减少分叉的可能性，并提高网络的整体性能；而安全的通信协议能够抵御各种网络攻击，通过加密技术保护传输中的数据，增强网络的安全性。一般来说，通信协议的高效性与安全性呈负相关，因此，在设计通信协议时，需要在效率和安全性之间做出权衡。

▶ 4.3.3　区块的校验

区块链的校验过程是一个多层次、多维度的安全验证体系，它旨在确保区块链上的交易和区块都是合法和有效的，如图 4-14 所示。

交易是区块中最主要的元素，对交易数据的校验是区块的校验的重要过程。区块链技术的一个核心特性是其能够支持各种交易活动，并在网络中实时、不间断地进行记录。因此，我们先对交易的产生与校验进行介绍。

当一笔新的交易被创建，交易发起者（区块链中的节点）需要指定交易数量、接收方地址等交易信息，随即用自己的私钥对这笔交易进行签名等操作，然后交易发起者会在区块链网络中对这笔交易进行广播。此时，这些尚未得到验证的交易只有在经过节点的初步验证，即被验证

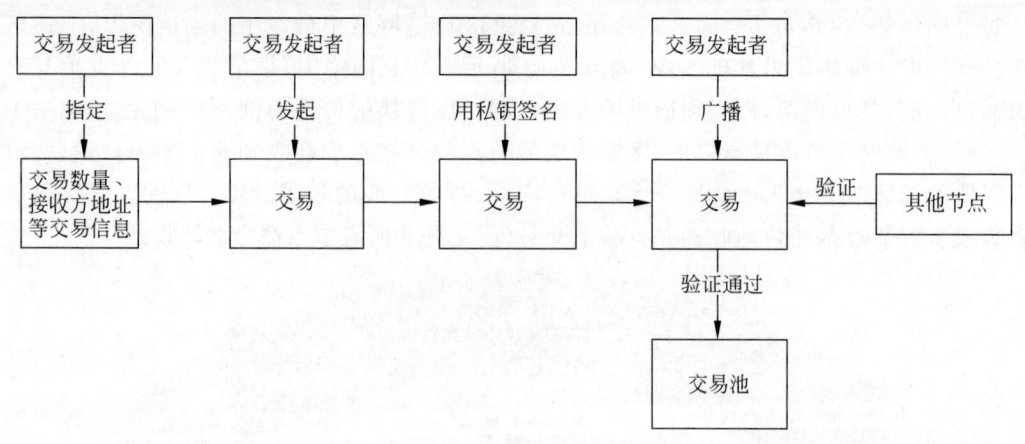

图 4-14 区块链的校验

符合区块链的协议规范后,才会进入交易池中,等待被节点(矿工)进行选取并打包。

在区块链网络中,当一笔新的交易被创建时,交易的发起者(即区块链中的一个节点)需要先指定交易的具体信息,包括交易的数量、接收方的地址等。这些信息不仅定义了交易的基本内容,还确保了交易的目标和数量的准确性。随后,交易发起者会利用自己的私钥对这笔交易进行数字签名。

签名完成后,交易发起者会在整个区块链网络中广播这笔交易,向其他节点传播这项交易信息。其他节点在接收到这笔交易后,首先会对交易进行初步的验证。这个验证过程主要是检查交易是否符合区块链协议的规范,例如确保签名的有效性、交易的结构完整性,以及是否有足够的余额等。只有通过初步验证的交易才会进入一个被称为交易池的地方。

交易池是一个临时的存储区域,用于保存所有尚未被打包进区块的有效交易。节点(尤其是矿工节点)会定期从交易池中选取交易,并将其打包进新区块。在这个过程中,节点会对交易进行再次校验。

此次校验涉及签名验证,确认交易输入输出的合法性,以及检查交易输入是否已被其他交易使用过等方面;并且,节点会根据交易的费率和网络拥堵情况,决定哪些交易应该优先打包进区块——费率高或优先级高的交易更有可能被选中。这再次验证的过程对维持区块中交易的合法性具有重要意义。

同时,矿工还会依据交易的手续费高低来优先选择交易,以此提升他们的收益。

在构造区块时,节点会对将要写入区块体的每一笔交易进行仔细校验。同样地,当区块被发布后,其他节点也会对这个新发布的区块进行校验,以确保其合法性。

在区块的校验过程中,节点会再次对区块中的交易数据的合法性进行详细的校验,这一过程和前文提到的区块打包前节点对交易的校验相似,因此不做赘述。在此主要叙述对整个区块结构的全面校验。

区块一经发布,网络中的节点就会对新区块的基本结构进行校验,这包括区块头的各项参数:版本号、时间戳、父区块头哈希值、根哈希值等。在这些字段中,"父区块头哈希值"这一字段尤为重要,它确保了每个区块都是按照正确的顺序链接在一起的,形成了一条不可篡改的数据链。此外,根据区块链所使用的共识机制,区块的校验还可能涉及对权益证明的核查。

通过多层次、多维度的验证,区块链从最大程度上确保了每个区块的真实性和完整性,从而构建了一个坚不可摧的数据记录系统。在这个系统中,每个区块都经过了严格的校验和确认,为各种应用场景提供了坚实的数据基础。

第 5 章　区块链账户与交易原理

5.1　区块链状态库

区块链作为一种分布式共享账本,具有不可篡改的特性,确保了已经记录的账目无法被修改,但每次有新的交易产生时会改变整个账本的状态。这一特性使得区块链类似于一个状态机,反映了截至特定时间点的所有交易和操作,增加了区块链技术固有的复杂性和安全性。为了有效地管理和追踪这种状态变化,引入了区块链状态库的概念,用于记录和维护区块链所处的状态。

5.1.1　状态库

对于区块链而言,"状态"指的是系统内存储的所有数据的当前快照,包括账户余额、合约代码和存储数据,"状态变化"意味着对区块链当前状态的任何改变或修改。这些变化的主要催化剂是交易,无论是双方之间的加密货币转账,还是智能合约的执行,每一笔交易被打包进区块链并最终得到确认都会引起区块链状态的改变。具体可以从以下几个维度来说明。

（1）交易：代表了一次价值转移操作,每笔交易都会改变账本状态,例如新增一条交易记录。

（2）区块：在经过对当前账本状态的共识和验证后才会形成,记录了一段时间内的交易和状态结果。

（3）链：区块按照发生顺序串联而成一个不断增长的链式结构,形成了整个区块链状态变化的日志记录。

无论是在比特币还是在以太坊中,每笔交易都将被永久存储在区块链中,以反映某个时刻的区块链的状态。而在以太坊系统中,还有额外的数据结构：状态树、交易树和收据树,这为用户提供了更多的信息查询功能。比特币系统仅限于虚拟货币应用,只有用户账户,而以太坊支持智能合约的部署,因此在账户体系上有了更多的分类,包括用户账户和合约账户。

5.1.2　世界状态

区块链可以理解为一个分布式的状态机,所有节点从创世状态开始,依次执行达成共识的区块内的交易,驱动各个节点按照相同的操作序列（增加、删除、修改）来不断改变状态。当所有节点完成相同编号区块内的交易后,实现状态完全一致,这种全网同步后的状态就是所谓的"世界状态",如图 5-1 所示。

世界状态表示当前的状态,即记录所有状态数据的当前值。为了确保交易执行时能够高效更新世界状态,实现方案需要关注状态数据的快速查找和更新效率。比特币的世界状态数据存储在 chainstate 目录中,采用 LevelDB 进行管理,主要记录当前未花费的所有交易输出以及交易的元数据信息,这些数据会被适当压缩以节省存储空间,用于验证新接收的交易和区

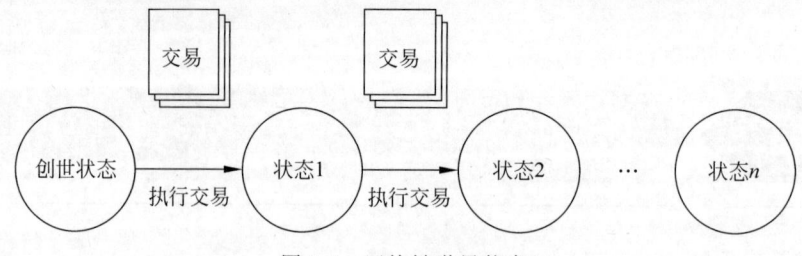

块。比特币的世界状态通过网络中的全局未使用交易输出（Unspent Transaction Output，UTXO）来描述；而以太坊则使用账户模型管理状态信息，通过 StateDB 管理 StateObject，以账户地址（Address）作为唯一标识来实现账户状态的管理。

▶ 5.1.3 状态树

世界状态由账户集合构成，在以太坊中，这些账户通过一种称为 Merkle Patricia Trie（MPT）的数据结构组织起来。MPT 结合了 Merkle 树和 Patricia Trie 的优点，是一种加密数据结构。

在这棵树中，每个账户位于叶子节点，树的结构根据账户的排列顺序逐层进行哈希串联，最终生成整个世界状态。当某个账户发生更改时，该账户所在分支的上层哈希值会相应更新，直到影响到根节点的哈希值。这个根节点哈希值称为状态树（StateRoot），并记录在区块头中。随着区块链的不断推进，世界状态不断更新，状态树的值也随之变化，图 5-2 为存储树、账户状态及世界状态的构成关系。

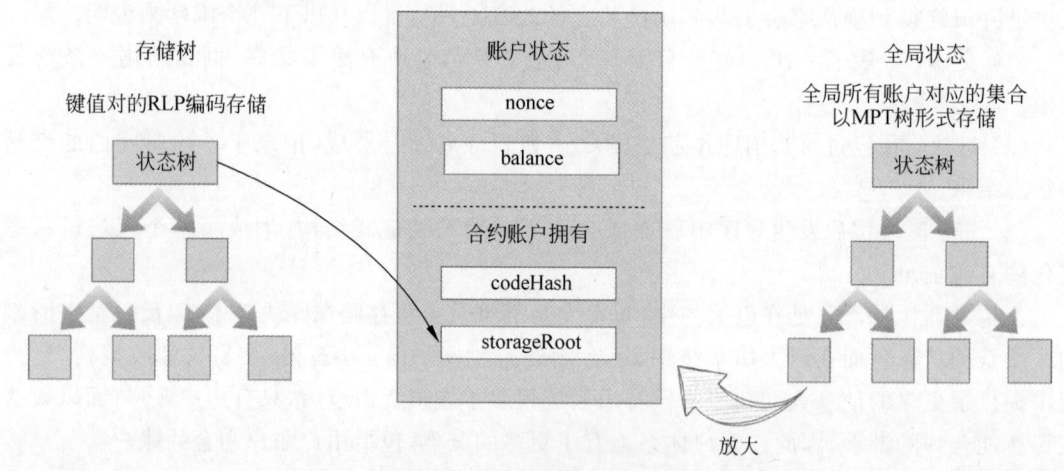

图 5-2 存储树、账户状态及世界状态的构成关系

图 5-2 最右侧展示了一棵状态树，以 MPT 棵树的形式保存了以太坊全局所有账户的状态信息。以太坊账户分为用户账户和合约账户两种类型。这棵树的每个叶子节点代表了一个账户，放大后的叶子结点内容对应中间的账户状态，其包含了四个字段：[nonce, balance, storageRoot（仅适用于合约账户），codeHash（仅适用于合约账户）]。最左侧为 storageRoot 对应的存储树，存储了智能合约的变量数据，维持了 256 位的变量数据索引及 RLP 算法编码过的 256 位数据本身。

▶ 5.1.4 用户账户和合约账户

用户账户类似于银行账户，它代表着用户的身份，就像我们需要银行账户才能在银行进行转账一样，在区块链上进行转账业务也需要用户账户。区块链中的用户账户是由真实用户拥有和控制的账户，通常由一个公钥和对应的私钥组成，公钥用于标识账户，私钥用于控制账户交易。用户账户使用地址作为索引，而此地址由用户的公钥生成，通常是取公钥的最后20字节。为了确保交易的不可抵赖性，用户在执行交易、转移数字资产等操作时可以通过私钥对交易数据进行签名。

用户地址的生成过程主要如下：①随机生成一个用户私钥；②利用指定的加密算法可以推导出与私钥相对应的公钥；③基于公钥生成个人账户地址。

私钥是用户最为敏感和重要的信息之一，一旦丢失将无法复原，因此必须谨慎保管。通常情况下，私钥与公钥一起使用用户设定的密码进行加密，然后存储在钥匙文件中。在以太坊中，这些钥匙文件被保存在数据目录的 keystore 子目录下。为了避免意外丢失，最好将钥匙文件进行备份，并妥善存放在不同的地方。

合约账户是一种特殊的可编程账户，它包含了智能合约代码和数据，存储在以太坊上。合约账户由智能合约代码控制，当满足特定条件时，合约账户可以自动执行预先定义的操作。合约创建者的地址和该地址发出的交易共同计算得出合约账户的地址，其与用户账户的主要区别在于它存储了智能合约。智能合约代码可以在区块链上被部署和执行，而合约账户的状态和行为由智能合约代码定义和控制。合约账户的状态可以包括余额、代码执行情况以及合约的存储。

5.2 用户账户活动

在区块链中，用户账户以用户地址为索引，而用户地址由该用户的公钥经过特定计算得出。

▶ 5.2.1 用户地址

以比特币系统为例，用户地址的生成过程如下。

（1）伪随机数生成一个32字节的私钥。

（2）基于私钥经过 ECDSA-secp256k1 椭圆曲线加密算法推出所对应的公钥。

（3）计算公钥的 SHA-256 哈希值（32字节）。

（4）取上一步结果，计算 RIPEMD160 哈希值（20字节）。

（5）取上一步结果，前面加入地址版本号（比特币主网版本号"0x00"）。

（6）取上一步结果，计算两次 SHA-256 哈希值（32字节）。

（7）取上一步结果的前4字节（8位十六进制）。

（8）把这4字节加在第（5）步的结果后面，作为校验（这就是比特币地址的十六进制形态）。

（9）用 BASE58 编码变换一下地址，得到最常见的比特币地址形态。

图 5-3 为一个比特币系统的用户地址生成示例。

与比特币相比，以太坊在私钥生成公钥时的步骤是一样的，区别在于公钥推导地址的部分，以太坊的处理方式更为简单。

（1）伪随机数生成一个32字节的私钥。

（2）基于私钥利用 ECDSA-secp256k1 推出对应的公钥。

```
伪随机数作为私钥  ──  伪随机数产生一个32位私钥:
                     8F72F6B29E6E225A36B68DFE333C7CE5E55D83249D3D2CD6332671FA445C4DD3

私钥经过secp256k1生成公钥 ── 推出的公钥(前缀04+X公钥+Y公钥):
                              04
                              06CCAE7536386DA2C5ADD428B099C7658814CA837F94FADE365D0EC6B1519385
                              FF83EC5F2C0C8F016A32134589F7B9E97ACBFEFD2EF12A91FA622B38A1449EEB

计算公钥的SHA-256哈希值 ── 2572e5f4a8e77ddf5bb35b9e61c61f66455a4a24bcfd6cb190a8e8ff48fc097d
      │ 取上一步结果
计算RIPEMD160哈希值 ── 0b14f003d63ab31aef5fedde2b504699547dd1f6
      │ 取上一步结果
加入地址版本号(0x00) ── 000b14f003d63ab31aef5fedde2b504699547dd1f6
      │ 取上一步结果
计算两次SHA-256哈希值 ── --1--
                        ddc2270f93cc84cc6869dd373f3c340bbf5cb9a8f5559297cc9e5d947aab2536
                        --2--
                        869ac57b83ccf75ca9da8895823562fffb611e3c297d9c2d4612aeeb32850078
      │ 取上一步结果
取前4字节 ── 869ac57b
      │
0x00+公钥哈希值+前4字节 ── 000b14f003d63ab31aef5fedde2b504699547dd1f6869ac57b
      │ BASE58编码
用户地址 ── 121bWssvSgsA9SKjR4DbYncEAoJjmBFwog
```

图 5-3　比特币系统的用户地址生成示例

（3）计算公钥的 Keccak 哈希值。

（4）取上一步结果的后 20 字节作为以太坊的用户地址。

5.2.2　交易发起

交易是任何区块链网络的命脉，代表了数字资产（加密货币或数据）从一方到另一方的流动，它包含重要信息，例如发送者的地址、接收者的地址、转账金额以及与交易相关的任何其他数据。在区块链上，用户账户的交易是以签名消息的形式记录的。具体来说，区块链中每个块都包含多个交易，当用户在区块链上进行交易时，需要通过一个账户来发起交易，并将交易消息发送到另一个账户。交易消息经过签名，以表明消息的来源和真实性，而消息的内容则代表了价值转移，图 5-4 展示了区块链交易的形成流程。

为了便于理解，可以把区块链中的交易分解成小的基本组成部分。

（1）交易 ID 和时间戳：每笔交易都由交易 ID 唯一标识，交易 ID 是从交易数据生成的哈希值。该 ID 充当数字指纹，确保交易的完整性。此外，交易还有时间戳，用于记录创建或添加到区块链的确切时间。

（2）交易输入和输出：在区块链交易中，输入表示用作资金来源的数字资产，而输出表示

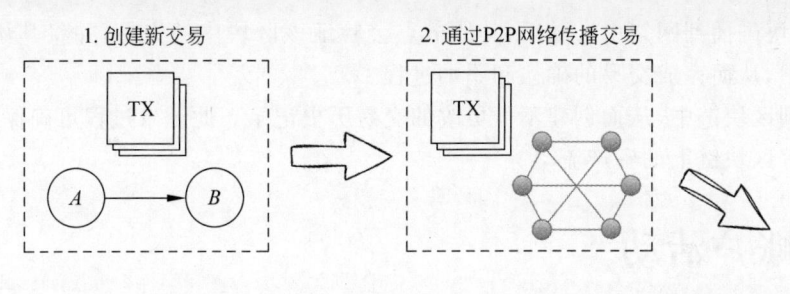

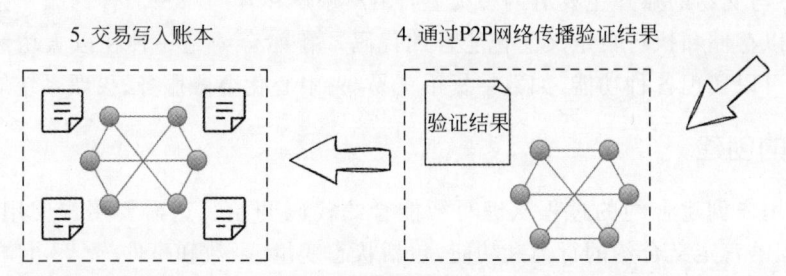

图 5-4 区块链交易的形成流程

这些资金的目标地址和金额。可以将其想象为给某人钱(输入)并指定钱应该流向何处(输出)。

（3）交易签名和公钥/私钥对：为了保证交易的真实性和完整性，使用数字签名。区块链中的每个参与者都有一个唯一的公钥/私钥对。发送者使用其私钥签署交易，而接收者使用发送者的公钥来验证签名。此加密过程确保只有合法所有者才能发起和授权交易。

用户账户的交易的第一步是发起交易，发送者创建交易，交易的内容包括发送账户地址、接收账户地址、转移的加密货币数量、用于激励矿工的附加交易费、时间戳等。同时，发送者使用其私钥创建数字签名，证明其对所转移资产的所有权。该签名附加到交易数据上并广播到网络以进行验证和执行。

▶ 5.2.3　交易验证

交易一旦广播，就需要由区块链网络进行验证。交易由节点或验证器的去中心化网络进行验证。这些节点验证数据格式是否正确、发送者是否有足够的资金来支付转账金额以及接收者的地址是否有效。如果交易请求验证不通过，则本条交易请求会被丢弃。一旦交易被验证，它就会被添加到等待验证的未确认交易池中，同时将该交易转发给区块链网络中的其他节点，接受同样的验证过程。

▶ 5.2.4　区块与区块链的形成

在区块链中，交易打包进区块之前需要经过共识过程。这个过程确保了网络中的所有节点就交易的有效性达成一致，并选择一个节点提出的区块来添加到区块链中。

在共识过程中，不同的共识机制会采用不同的方式来选择下一个区块的提出者。例如，在工作量证明(PoW)机制中，矿工通过解决复杂的数学难题来竞争创建下一个区块的权利；而在权益证明(PoS)机制中，根据节点持有的加密货币数量来选择下一个区块的提出者；其他共识机制可能还包括委托权益证明(DPoS)、权益证明加密货币(PoA)等。

无论采用哪种共识机制，其目的都是确保网络中的大多数节点就交易的顺序和有效性达成一致，并且防止恶意行为的发生。一旦达成共识，选定的节点就会打包待处理的交易进入新的区块,并将该区块广播到网络中。随后,其他节点会验证该区块中的交易,并将其添加到自己的区块链副本中,从而完成交易的确认和添加过程。

区块被添加到区块链中,从而创建不可更改的交易历史记录。此记录过程可确保透明度,并允许任何人跟踪区块链上的资产流动。

5.3 合约账户活动

在以太坊上参与交易的账户主要有两种类型:用户账户和合约账户。合约账户是一种特殊类型的账户,可以存储和执行自定义的智能合约代码。智能合约是一种在以太坊区块链上运行的计算代码,可以实现各种功能,如数字货币交易、去中心化金融服务、投票系统等。

▶ 5.3.1 合约的创建

在以太坊上,用户创建合约的过程从编写智能合约代码开始。这需要用户使用 Solidity 或其他支持的编程语言定义合约的行为和功能,包括状态变量、函数和事件等。一旦合约代码编写完成,下一步是将其编译成以太坊虚拟机(EVM)可执行的字节码。通常,开发者会使用 Solidity 编写智能合约,并利用 Solidity 编译器将其转换为字节码形式。

接下来是创建智能合约交易,用户需要使用以太坊钱包或开发工具生成一个特殊的交易来部署合约。这个交易的目标地址通常为"0x0",而交易数据字段包含了编译后的合约字节码。用户接着使用他们的私钥对这个合约部署交易进行签名,并将其发送到以太坊网络中。一旦交易被发送,它会被广播到网络中的节点,并在其他节点进行验证后被添加到待处理的交易池中。

在被矿工打包之前,交易需要通过验证。一旦交易被验证,它可能会被矿工打包进新的区块中,这意味着合约部署交易已被确认。当包含合约部署交易的区块被矿工成功挖出并添加到区块链上后,智能合约就会被部署到一个新的合约账户中。这个合约账户会拥有合约代码和相关的状态,以及一个唯一的地址,用于标识该合约在区块链上的位置。图 5-5 简要展示了智能合约交易的创建和处理过程。

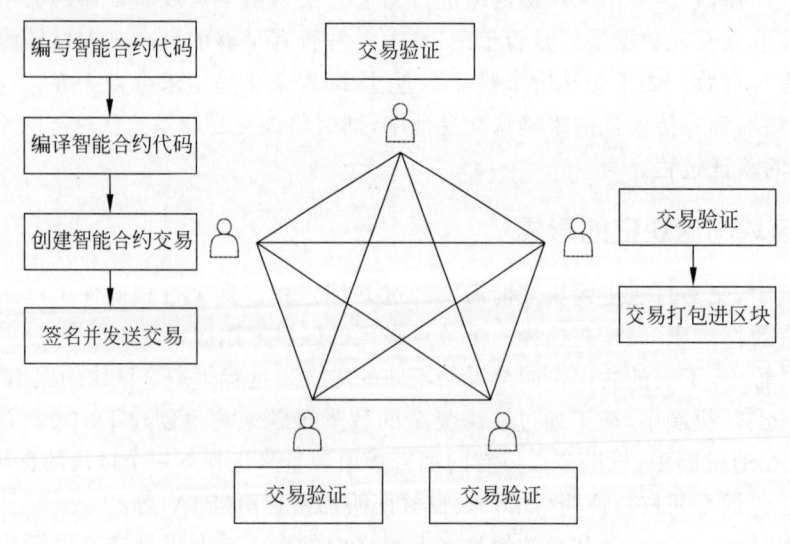

图 5-5 智能合约交易的创建和处理过程

通过这个过程，用户可以将他们编写的智能合约部署到以太坊区块链上，并开始在区块链上执行合约代码。

▶ 5.3.2 合约的调用

在以太坊上，发起和处理智能合约调用交易的过程可以分为几个关键步骤。

首先，用户需要生成调用智能合约函数的数据，这些数据包含函数签名及其参数，可以通过以太坊钱包或开发工具（如 Remix、Web3.js 或 Ethers.js）来自动生成。

接下来，用户创建一笔交易，这笔交易包括智能合约地址、编码后的函数签名及其参数、发送者地址、Gas 限额、Gas 价格，以及可能包含的以太币数量。

然后，用户使用私钥对交易进行签名，以确保交易的真实性和防止篡改。签名完成后，用户将交易发送到以太坊网络，这可以通过钱包应用程序（如 MetaMask）、以太坊客户端（如 Geth）或开发工具来完成。交易被广播到网络中的所有节点，节点验证交易的有效性，包括检查签名、余额和 Nonce 值是否正确。

经过验证的交易进入待处理交易池，矿工从中选择交易并将其打包到新的区块中，通常优先选择交易费用较高的交易。当包含交易的区块被矿工成功挖出并添加到区块链上时，以太坊虚拟机（EVM）会解释交易中的数据字段，执行相应的智能合约函数，并根据指令修改合约状态或执行其他操作。一旦交易被成功执行并包含在区块中，智能合约的状态变化将被永久记录在区块链上，用户可以通过区块链浏览器（如 Etherscan）查看交易的执行结果和合约状态的变化，图 5-6 展示了智能合约的调用过程。

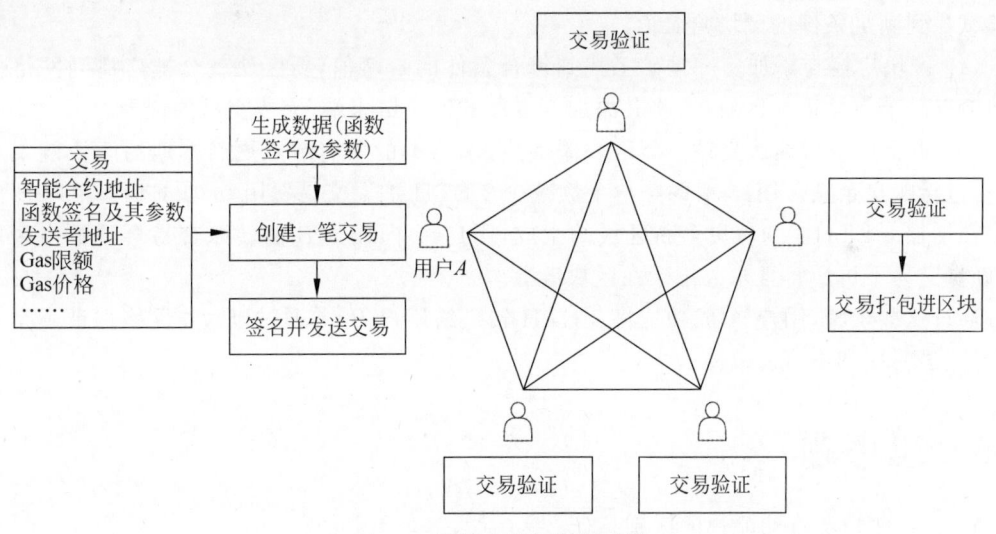

图 5-6 智能合约的调用过程

通过这些步骤，用户可以发起并处理智能合约调用交易，实现与区块链上智能合约的交互。这一过程确保了交易的安全性和透明性，并使智能合约能够按照预期的逻辑执行。

5.4 转账交易示例

区块链转账交易是用户将一定数量的加密货币从一个账户转移到另一个账户的过程。以下是一个具体的以太坊转账交易示例，描述了用户 A 向用户 B 转账 2 ETH（以太币）的过程：

（1）创建交易。用户 A 发起一笔交易，指定接收方为用户 B 的以太坊地址，转账金额为 2 ETH，并设置交易燃料费用（Gas Fee）为 0.01 ETH（用于奖励矿工），交易结构如表 5-1 所示。用户 A 使用其私钥对交易进行签名，以确保其合法性和不可篡改性。

表 5-1　交易结构

From	用户 A 的账户地址
To	用户 B 的账户地址
Value	转移的加密货币数量：2 ETH
Gas Fee	交易燃料费用
Gas Price	交易中愿意付出的燃料（Gas）的单价
Gas Limit	交易允许消耗的最大燃料（Gas）
Nonce	交易发送者累计发出的交易量，区分一个账户的不同交易的顺序

（2）广播交易。用户 A 将签名后的交易广播到以太坊网络，网络中的节点接收到交易后，会验证交易的签名、交易的发起账号余额是否能支付转账金额和手续费、交易的 Nonce 值是否为账号已发出的交易数。验证为合法交易后，将交易加入节点的交易池中。还会根据 P2P 网络广播的策略向相邻节点继续广播。

（3）交易验证与打包。矿工节点将验证通过的交易存入内存池中。一般矿工节点会从自身利益出发将交易池中的交易按照 Gas Price 大小取出较高手续费的交易。少数情况部分节点只打包自己发起的交易（如矿池提供商或交易所服务商的节点）。矿工从内存池中选择交易，并开始创建包含这些交易的新区块。通过共识机制，例如工作量证明（PoW）机制，矿工不断尝试找到满足条件的区块哈希值。

（4）区块广播与添加。一旦矿工找到符合条件的哈希值，新区块就会被广播到网络中的其他节点。节点验证新区块后，将其添加到本地的区块链末端，完成交易的记录。

（5）更新账本与确认交易。新区块添加后，网络上的所有节点更新本地的区块链副本和状态，包括账户余额。用户 A 的账户余额减少 2 ETH 加上交易费用 0.01 ETH，用户 B 的账户余额增加 2 ETH。随着更多新区块的生成，用户 A 向用户 B 的转账交易会被更多区块确认，确保交易不可逆转且永久记录在区块链上。

通过这些步骤，用户 A 成功地将 2 ETH 转账给用户 B，并通过以太坊网络保证了交易的安全性、透明性和不可篡改性。

5.5　思考题

1. 用户账户和合约账户的区别是什么？
2. 简述比特币系统用户地址的生成过程。
3. 区块链中交易的基本组成部分有哪些？
4. 创建智能合约的交易和普通交易的区别是什么？
5. 以太坊用户账户交易活动包括哪几个步骤？

第 6 章　网络通信协议与共识机制

6.1　P2P 网络概述和模型

6.1.1　P2P 网络概述

P2P，全称为 Peer-to-Peer，是一种去中心化的通信模式。在网络结构中，参与者之间直接进行数据或信息的交换，而不是通过中心服务器来中转。这种模式中，每个参与者既充当客户端（请求资源）又充当服务器（提供资源）。

在互联网的语境下，P2P 被广泛用于构建各种网络应用，如文件共享、内容分发、点对点实时通信等。其中，文件共享是最早和最知名的 P2P 应用之一，例如 BitTorrent。这种应用中，每个参与者都可以直接从其他参与者那里下载文件，而不是通过一个中央服务器。

P2P 联机通信的主要优势如下。

（1）灵活性：由于没有中心服务器，P2P 网络可以更容易地适应变化，例如增加或减少节点。

（2）可扩展性：随着更多的参与者加入，P2P 网络的规模和性能可以线性增长。这对于传统客户端-服务器模型来说很难实现，因为服务器通常存在性能上限。

（3）隐私保护：由于数据交换直接在参与者之间进行，P2P 网络很难被监控或审查。

（4）去中心化：这使得 P2P 网络具有很高的容错性，因为即使部分节点失效，其他节点仍能继续工作。

（5）负载均衡：由于数据分散在众多节点上，P2P 网络可以更有效地处理负载，避免单一节点过载。

（6）资源共享：在 P2P 网络中，每个节点都可以贡献自己的资源（如存储、计算能力等），从而形成一个全球范围的分布式资源共享系统。

（7）支持大规模实时通信：对于像在线游戏这样的应用，P2P 网络可以提供更低的延迟和更高的带宽。

尽管 P2P 通信技术拥有众多优势，但它也面临着一些挑战和限制。例如，如何高效地发现其他节点、如何处理版权问题，以及如何保障数据安全等问题。此外，由于缺乏中心化的管理机构，P2P 网络可能更易受到恶意攻击或被滥用。

总体而言，P2P 网络通信是一种强大而灵活的技术，它正在改变我们与互联网的互动方式。无论是文件共享、实时通信，还是分布式计算和物联网，P2P 技术都展现出巨大的潜力和影响力。随着技术的不断发展和新应用场景的涌现，我们期待见证更多创新的 P2P 应用和解决方案的出现。P2P 网络通信无疑正在改变我们的生活和工作方式。从娱乐、社交到商业和工业应用，P2P 技术的应用无处不在。因此，对于对互联网和技术发展感兴趣的人士来说，了解和掌握 P2P 技术显得尤为重要。

6.1.2 集中目录式 P2P 网络模型

概念如下：采用中央目录服务器来管理 P2P 网络中的各个节点，这种架构虽然保留了 P2P 网络的一些去中心化特性，但实际上引入了中心化元素，因此有时被称为非纯粹的 P2P 网络。在这种模式下，中央目录服务器扮演着关键角色，它不直接存储大量的数据内容，而是仅仅保存了指向这些数据的索引信息。这些索引信息包括了对等节点提供服务的元数据，如文件名、文件大小、文件类型等，使得用户能够快速定位和请求所需的资源。

每个对等节点(peer)则负责存储和管理自己提供的全部资料，这些资料可能是文件、视频、音频或其他类型的数据。对等节点之间通过直接的点对点连接来共享这些资源，而中央目录服务器则提供了一个集中的查询和索引服务，帮助用户找到这些资源的位置。

此外，这种网络架构中的服务器与对等节点之间，以及对等节点彼此之间，都具备了交互能力。这意味着中央目录服务器不仅可以响应用户的查询请求，还可以与对等节点进行通信，以更新索引信息、同步状态或执行其他管理任务。同样，对等节点之间也可以直接交换数据，而无须通过中央服务器，这在一定程度上保持了 P2P 网络的去中心化特性。

这种混合架构的优势在于，它结合了中心化和去中心化的优点。中心目录服务器提供了一个可靠的查询点，可以提高网络的可扩展性和管理效率，而对等节点之间的直接通信则保持了网络的弹性和抗审查性。然而，这种架构也带来了一些挑战，例如中心目录服务器可能成为单点故障，或者在面对大规模请求时成为性能瓶颈。因此，设计和维护这种网络时需要仔细权衡中心化和去中心化的比例，以实现最佳的性能和可靠性。

原理如下：集中目录式 P2P 网络模型采用星形结构，群组中的对等节点都与中央目录服务器相连，并向其发布分享的文件列表。查询节点可向中央目录服务器发起文件检索请求，得到回复后，查询节点则依据网络流量和延迟等信息选择合适的节点建立直接连接，此时文件交换即可直接在两个对等节点之间进行。此过程中，中央目录服务器负责记录群组所有参与者的信息，以进行适当的管理。

优点如下：

（1）维护简单。

（2）发现资源率高。

缺点如下：

（1）可靠性和安全性较低。

（2）维护成本高。

（3）存在法律版权和资源浪费问题。

因此，集中目录式 P2P 网络模型适合小型网络应用，典型案例为 BitTorrent。

6.1.3 纯分布式 P2P 网络模型

概念如下：在纯粹的 P2P 网络模型中，网络的每个参与者，即节点，都扮演着双重角色——既是服务器也是客户端。这种设计意味着每个节点都具备提供服务和请求服务的能力，它们在网络中的地位是完全平等的。这种对等的通信模式消除了传统客户端-服务器模型中的层级结构，使得网络中的权力和责任分散在每个节点上。

每个节点都维护一个邻居列表，这个列表记录了它可以直接通信的其他节点。这些邻居节点可以是网络中的任何其他节点，它们可能位于网络的不同部分，但都与当前节点有着直接的连接。节点通过与这些邻居节点的交互来完成各种网络功能，如数据传输、资源发现、信息交换等。这种点对点的通信方式使得网络中的信息流更加分散和动态，提高了网络的鲁棒性和抗干扰能力。

这种网络结构的一个显著优势是解决了中心化问题。在传统的中心化网络中，中心服务器是网络的核心，所有通信都必须通过它进行，这不仅限制了网络的可扩展性，也使得网络容易受到单点故障的影响。而在纯 P2P 网络中，由于没有中心服务器，网络的每个节点都可以独立地加入或离开，而不影响其他节点的正常运作。这大大提高了网络的可扩展性和灵活性。

此外，纯 P2P 网络的维护性也比较好。由于网络的维护责任分散在每个节点上，单个节点的故障不会对整个网络造成影响。节点之间的对等通信也减少了对中心服务器的依赖，降低了维护成本。同时，这种去中心化的结构也使得网络更加难以被监管和控制，提高了网络的隐私性和安全性。

然而，纯 P2P 网络也面临着一些挑战，如如何高效地发现和维护邻居节点、如何确保数据的一致性和完整性、如何防止恶意节点的攻击等。这些问题需要通过精心设计的算法和协议来解决，以确保网络的稳定性和可靠性。

总的来说，纯 P2P 网络模型通过其去中心化的设计，提供了一种灵活、可扩展且抗干扰的网络架构。虽然它面临着一些技术和管理上的挑战，但它的潜力和优势使得它在许多应用场景中都具有重要的价值，如文件共享、分布式计算、社交网络等。随着技术的进步和创新，我们有理由相信，纯 P2P 网络将在未来的互联网发展中扮演越来越重要的角色。

1. 纯 P2P 非结构化网络模型

概念如下：又称为广播式 P2P 模型，也被称作洪泛式（Flooding）P2P 模型，是一种在 P2P 网络中进行内容查询和分享的机制。在这种模型中，信息的传播类似于无线电广播，从一个节点开始，通过相邻节点的连续广播来传递信息。这种传播方式不需要一个中心化的服务器来协调，而是依赖网络中每个节点的积极参与。

每个用户在加入网络时，会随机选择一个或多个节点建立连接，这些节点就成为了该用户的邻居。通过这些端到端的连接，用户与其邻居节点构成了一个逻辑上的覆盖网络，这个网络虽然在物理上是分散的，但在逻辑上却能够覆盖整个 P2P 网络。

当一个查询节点需要寻找特定内容时，它会发出一个查询请求，并将其直接广播给自己所连接的邻居节点。这些邻居节点会检查自己是否拥有被请求的内容，如果它们没有，则会将查询请求继续广播给它们自己的邻居节点。这个过程会不断重复，直到找到所需内容或者遍历了整个网络。

为了防止在查询过程中出现搜索环路，即查询请求在网络中无限循环，每个节点都会记录自己参与过的搜索轨迹。这通常通过维护一个临时的查询日志来实现，日志中记录了每个查询请求的标识符和到达该节点的时间。当一个节点收到一个查询请求时，它会首先检查这个请求是否已经在日志中存在。如果存在，说明这个请求已经在网络中传播过，节点就会忽略这个请求，避免环路的产生。如果不存在，节点就会将请求记录下来，并继续广播给其他邻居节点。

这种广播式 P2P 模型的优点在于它的简单性和鲁棒性。由于不需要复杂的路由算法或中心化的协调，网络可以快速地适应节点的加入和离开，同时也能够抵抗节点故障。然而，这种模型的缺点是效率较低，尤其是在大规模网络中，因为每个查询请求都可能导致大量的冗余传输，从而增加网络的负载。

为了提高效率，可以采用一些优化策略，如设置查询请求的时限或跳数限制，使用更智能的查询传播策略，或者结合其他 P2P 模型来减少冗余传输。尽管存在挑战，广播式 P2P 模型仍然是许多应用场景下的有效解决方案，特别是在网络规模较小或者查询频率较低的情况下。随着 P2P 技术的发展，我们可以期待更多创新的方法来解决这些挑战，进一步提高广播式 P2P 模型的性能和可用性。

案例如下：Gnutella 模型是应用最广泛的纯 P2P 非结构化网络模型，它采用了完全随机图的泛洪发现和随机转发机制，通过 IP 多播技术让对等节点定期发布资源和传播查询。

优点如下：
（1）完全的分布式使之具有最大的容错性，不会出现单点崩溃现象。
（2）能潜在的获得最多的查询结果。

缺点如下：
（1）整个网络的拓展性较差，随着对等节点的数量增加，网络可能存在过多的查询而发生阻塞。
（2）由于没有中央目录服务器对用户进行管理，因此缺乏较好的集中控制和策略。
（3）查询的有效期和正确性都不能保证。
（4）能力有限的对等节点容易造成系统瓶颈。
（5）网络中对等节点的查找和定位比较复杂，效率低下。

2. 纯 P2P 结构化网络模型

概念如下：结构化 P2P 网络模型与非结构化 P2P 网络模型之间的根本区别在于节点如何组织和管理它们的邻居关系，以及这种组织方式如何影响信息的查找效率。在结构化 P2P 网络中，每个节点都遵循一定的规则来维护其邻居，这些规则有助于快速定位和检索信息。这种模型采用分布式的消息传递机制，并通过关键字进行有效的查找服务，使得信息的检索过程更加高效和有序。

在结构化网络模型中，节点维护的邻居关系不是随机的，而是遵循某种预定义的逻辑或模式。这种模式使得 P2P 网络的拓扑结构得到严格控制，信息资源被有规则地组织并存储在合适的节点上。当进行查询时，信息可以以较少的跳数被路由到负责存储所查询信息资源的节点上。这种结构化的方法减少了查询过程中的冗余和不确定性，提高了整个网络的查找效率。

目前，结构化 P2P 网络的主流实现方法是采用分布式哈希表（Distributed Hash Table，DHT）技术。DHT 是当前扩展性最好的 P2P 路由方式之一，它通过在非结构化的 P2P 系统中引入人为的控制策略，将整个系统的工作重点放在如何有效地查找信息上。DHT 通过将信息资源映射到一个散列空间，并根据节点的标识符来分配责任区域，从而实现了信息的有效组织和快速检索。

在 DHT 中，每个节点都负责处理特定范围内的关键字或数据。当一个节点需要查询信息时，它可以通过计算查询关键字的哈希值来确定负责该关键字的节点。然后，查询请求会被路由到相应的节点，如果该节点不包含所需信息，它将根据预定义的规则将查询请求转发到下一个负责的节点。这个过程会一直持续，直到找到所需信息或确定信息不存在。

DHT 技术的优势在于其可扩展性和容错性。随着网络规模的增长，DHT 可以动态地调整节点的责任区域，以保持网络的平衡和效率。此外，DHT 还能够容忍节点的加入和离开，因为每个节点都有备用节点来接管其责任区域，从而确保网络的连续性和稳定性。

然而，DHT 也面临着一些挑战，如何有效地处理节点的动态变化、如何防止恶意节点的攻击，以及如何优化查询性能等。为了解决这些问题，研究者们正在探索新的算法和技术，如信誉系统、加密技术，以及更智能的查询优化策略。

总的来说，结构化 P2P 网络模型通过引入人为的控制策略和严格的拓扑结构，提供了一种高效、可扩展且可靠的信息查找服务。随着技术的不断发展，我们可以期待结构化 P2P 网络在各种应用场景中发挥更大的作用，如内容分发、分布式存储、实时通信等，为未来的互联网技术带来新的机遇和挑战。

优点如下：

（1）由于 DHT 各节点并不需要维护整个网络的信息，只在节点中存储其邻近的各节点信息，因此较少的路由信息就可以有效地实现到达某个节点。

（2）取消了泛洪算法，利用分布式散列表进行定位查找，可以有效地减少节点信息的发送数量，从而增强了 P2P 网络的扩展性。

（3）出于冗余度以及延时的考虑，大部分 DHT 总是在节点的虚拟标识与关键字最接近的节点上复制备份冗余信息，这样也避免了单一节点失效的问题。

（4）使用者匿名，数据传输加密。

缺点如下：

（1）维护机制复杂，尤其是节点频繁加入、退出造成的网络波动会极大增加 DHT 的维护代价。

（2）仅支持精确关键字匹配查找，无法支持内容/语义等查找。

（3）结构化 P2P 网络模型，由于自身算法的限制，不适合超大型的 P2P 系统。

▶ 6.1.4 分层式 P2P 网络模型

集中目录式网络模型有利于网络资源的快速检索，但是其中心化的模式容易遭到直接的攻击；纯 P2P 模型解决了抗攻击问题，但又缺乏快速搜索和可扩展性。因此出现了分层式 P2P 网络模型。

概念如下：在设计和处理能力上进行了优化，根据各节点的处理能力不同（计算能力、内存大小、网络带宽、网络滞留时间等）区分出超级节点和普通节点。在资源共享方面，所有节点地位相同，区别在于，超级节点上存储了其他部分节点的信息，发现算法仅在超级节点之间进行。超级节点再将查询请求转发给普通节点。

案例如下：KaZaa 协议中，每个节点上线后会寻找一个超级节点挂靠，并和原先挂靠在该超级节点下的其他普通节点相连接，组成一个小的无结构网络。

优点如下：

（1）按性能对节点进行分类。根据节点能力合理分担负载。

（2）各簇相对独立。如果一个簇改变了内部查询机制，这对于其他簇和上层的查询机制是独立的；同理，当一个节点失效，只会对其归属簇有影响。

（3）提高了查询速度。由于划分簇，每个簇的节点数远远少于总节点数，从而减少路由跳数。

（4）减少了查询消息传播的数量。

缺点如下：

实现上比较困难，需要提供能够有效组织节点间关系的搜索网络。

6.1.5 三种 P2P 网络模型性能对比

表 6-1 为三种 P2P 网络模型的性能对比。

表 6-1 三种 P2P 网络模型的性能对比

比较标准	网络模型			
	集中目录式	全分布式		分层式
		非结构化	结构化	
可扩展性	差	差	好	中
可靠性	差	好	好	中
可维护性	最好	最好	好	中
发现算法效率	最高	中	高	中
复杂查询	支持	支持	不支持	支持

6.2 区块链 P2P 网络

通常情况下,一个区块链系统的 P2P 网络层主要由以下几部分组成。

6.2.1 覆盖网络的结构(网络拓扑构建)

覆盖网络是 P2P 网络中用于提高路由效率和网络性能的一种技术。它们可以被构建在 P2P 网络的顶层,以优化信息的查找和传输过程。根据覆盖图的性质,覆盖网络可以分为两大类:无结构化覆盖网络和结构化覆盖网络。

无结构化覆盖网络的设计灵感来源于随机图理论。在这种网络中,节点之间的连接是随机建立的,节点从覆盖网络中随机选择其他节点作为其邻居。这种随机性有助于打破网络中的规律性,增加网络的鲁棒性,使得网络能够更好地抵抗节点故障和恶意攻击。无结构化覆盖网络的路由算法通常比较简单,如随机漫步或泛洪,但它们可能在大规模网络中效率较低,因为缺乏对网络结构的优化。

结构化覆盖网络则采用了一种完全不同的方法。它们基于预先定义好的结构,如环状、树状、超立方体等,每个节点都有一个唯一的标识符,并且只与那些标识符满足特定条件的节点建立连接。这种结构化的方法使得网络中的路由更加有序和高效,因为每个节点都知道如何根据目标节点的标识符来确定下一个跳点。结构化覆盖网络的路由算法通常更加复杂,但它们能够在较少的跳数内找到目标节点,提高了查询的成功率和网络的整体性能。

随着技术的发展,一些覆盖网络开始融合结构化和无结构化的特性,以期在不同的应用环境中获得更好的性能。这些混合型覆盖网络结合了两种网络的优点,既保持了无结构化网络的灵活性和鲁棒性,又利用了结构化网络的高效路由能力。例如,它们可能在局部区域内采用结构化的方法来提高路由效率,而在全局范围内则采用无结构化的方法来增加网络的适应性和抗攻击能力。

在实际应用中,混合型覆盖网络可以根据网络的负载、节点的动态性以及查询的频率和类型来动态调整其结构。这种灵活性使得混合型覆盖网络能够在不同的应用场景中表现出更好的性能,如在内容分发网络中提高数据传输的效率,在分布式数据库中加快查询响应的速度。

总之，覆盖网络的设计和实现是一个复杂的过程，需要考虑到网络的规模、节点的动态性、查询的模式以及应用的具体需求。无结构化和结构化覆盖网络各有优缺点，而混合型覆盖网络则提供了一种折中方案，能够在不同的应用环境中实现更好的性能和效率。随着P2P技术的进步，我们可以期待覆盖网络在设计和实现上有更多的创新，以满足日益增长的网络应用需求。

6.2.2 覆盖网络的路由算法

在P2P网络的设计中，路由算法和覆盖网络的结构是两个核心组件，它们通常紧密结合在一起，共同决定了网络的性能和效率。路由算法负责在网络中找到从源节点到目标节点的最佳路径，而覆盖网络的结构则定义了节点之间的连接方式和信息传播的模式。

随机图结构的P2P网络，其节点之间的连接是随机的，没有特定的规律或结构。这种网络结构通常对应于广播式的路由泛洪算法。在广播式路由中，一个节点会将其收到的消息或查询请求广播给所有直接连接的邻居节点。然后，每个邻居节点又会将消息广播给它们的邻居，这个过程会一直持续，直到找到目标节点或者达到预设的跳数限制。这种泛洪式的路由方法简单直观，但它的缺点是可能产生大量的冗余消息，特别是在大规模网络中，这会导致网络拥塞和效率低下。

相比之下，结构化P2P网络则采用了一种更加有序和有组织的节点连接方式。在这种网络中，节点之间的连接遵循某种预定义的规则或模式，形成了一种类似于K分查找树的结构。这种结构化的网络结构通常对应于更加复杂的路由算法，这些算法能够在网络中找到更加高效和可靠的路由路径。

在K分查找树中，每个节点都维护着一个有序的子节点列表，这些子节点可以根据某种关键字或标识符进行查找。当进行路由时，节点会根据目标节点的关键字或标识符，通过比较和选择来决定下一个转发的子节点。这个过程会一直持续，直到找到目标节点或者到达叶节点。这种查找过程类似于二分查找算法，可以在对数级的跳数内找到目标节点，大大提高了路由的效率。

结构化P2P网络的优势在于其可预测性和高效率。由于节点之间的连接是有序的，因此可以设计出更加优化的路由算法，减少冗余消息，提高查询的成功率。此外，结构化网络也更容易进行维护和管理，因为节点的行为和连接模式都是可预测的。

然而，结构化P2P网络也面临着一些挑战，如如何动态地适应节点的加入和离开、如何平衡网络的负载，以及如何防止恶意节点的攻击等。为了解决这些问题，研究者们正在探索新的算法和技术，如动态重构、负载均衡和安全机制。

总的来说，路由算法和覆盖网络的结构是P2P网络设计中两个相互依赖的方面。随机图结构的网络倾向于使用简单的广播式路由，而结构化网络则可以采用更加复杂和高效的路由算法。随着P2P技术的发展，我们可以期待看到更多创新的网络结构和路由算法，以满足不同应用场景的需求，提高网络的性能和可靠性。

6.2.3 节点的加入、初始化路由表、路由更新和容错算法

P2P系统是动态的，节点不断地加入和退出。当一个新节点加入时，它要运行节点加入算法，以获得网络上其他节点的信息，同时要初始化它的邻居表（路由表），这样其他节点知道它加入后，要调整自己的邻居表（路由更新），以使得新节点加入后，依然保持网络结构。如果某

些节点下线有可能通知，也可能没有通知其他节点，那么网络中的相关节点能检测出来节点掉线，自动调整邻居表，使网络结构依然保持，这就是容错算法所要做的事情了。注意，这些算法都是独立运行在每个节点上的，它们是通过节点间的协作通信而工作的。

6.2.4 区块链中的网络模型

1. 无结构化覆盖网络

无结构化覆盖网络是最简单的 P2P 网络形式，节点随机连接，没有固定的网络拓扑结构。这种网络结构简单，易于实现，但随着网络规模的增大，搜索效率较低，容易出现网络拥堵。

典型区块链应用：比特币的早期网络可以看作一种无结构化覆盖网络。在比特币网络中，节点通过广播的方式与其他节点交换信息（如交易和区块数据），而不是依靠固定的网络结构。在比特币网络中，一个新节点加入网络后会随机尝试连接到现有的节点。一旦连接成功，它就会将自己的信息广播给这些节点，这些节点再将信息转发给它们连接的其他节点，如此形成信息的传播。当一个节点需要广播交易或新产生的区块时，也会采用这种方式，但这可能导致网络中的信息传播效率不一。

2. 结构化覆盖网络

结构化覆盖网络通过使用一致性哈希等算法，将节点和资源按照某种规则组织起来，形成有结构的网络拓扑。这种网络可以高效地进行数据的定位和搜索。

典型区块链应用：以太坊使用了 Kademlia 算法（一种分布式哈希表协议）作为其节点发现协议的一部分。这使得以太坊网络在维护节点的连接信息时更加高效和可扩展。在以太坊的 Kademlia 算法中，每个节点都有一个唯一的标识符（ID）。当一个节点尝试找到另一个节点或资源时，它会根据 ID 的距离（通过某种哈希算法计算得出）来选择与自己 ID 最接近的其他节点进行查询，直到找到目标节点或资源。这种方式显著提高了搜索的效率和精确度。

3. 分层式 P2P 网络模型

在区块链中，分层式网络可以帮助解决扩展性和性能问题。较高层的节点可以处理复杂的任务，例如交易验证和共识达成，而较低层的节点可以处理数据存储和传输等任务。这种模型可以帮助提高交易处理速度并减少网络拥塞。

1）常见分层

按地理位置分层：根据节点的地理位置将它们分配到不同的层级。这种方法可以提高数据传输效率，因为邻近的节点通常具有更好的连接和更低的延迟。每个地理区域可以有自己的领导者节点，负责在该区域内协调和广播交易。

按节点性能分层：根据节点的计算能力、网络带宽和其他资源将它们分类。性能更好的节点被分配到较高层，负责处理更复杂的任务。这种方法可以确保关键任务由具有足够资源的节点处理，从而提高网络的整体性能。

按功能分层：根据节点的专门功能或服务将它们组织成不同的层级。例如，某些节点可能专注于智能合约的执行，而其他节点可能专门负责数据存储或身份验证。这种分层方式可以促进任务的专业化处理，提高网络的效率。

混合分层：上述分层方式可以结合使用，形成混合分层模型。例如，可以同时根据地理位置和节点性能进行分层，或结合功能分层和共识机制分层。混合分层可以利用多种因素的优势，创建一个更灵活、更适合区块链网络特定需求的架构。

2)"网"或"簇"状分层

按一定规则分成"簇"或"网"的方法也是分层式P2P网络模型中的一种常见策略。在这种方法中,节点被分成多个集群或网,每个集群选出一个领导者节点。这些领导者节点之间建立连接,形成一个覆盖网络。交易和数据在这些领导者节点之间广播和验证,然后传播到各自的集群中。这种方法可以进一步提高网络效率,因为它减少了数据传输的跳数并优化了广播过程。

分层管理:在分层式P2P网络中,不同层次的节点承担不同的职责。顶层节点通常负责处理交易验证、共识机制和网络决策等核心任务。这些节点往往需要更强的计算能力和更高的安全性。底层节点则主要负责数据的传输和存储,这些任务对计算资源的要求相对较低,但对网络的广度和覆盖范围有较高要求。

簇内通信:在每个簇内部,可以通过选举或随机选择一个或多个领导者节点来协调簇内的数据同步和交易验证。这种方法可以减轻每个节点的负担,提高簇内数据处理的效率。

跨簇协作:各簇的领导者节点之间会形成一个更高层次的网络,用于协调各簇之间的交易验证和数据同步。这种结构可以有效地减少网络中的信息冗余,优化数据流动路径,从而加快交易确认速度。

可扩展性:通过将节点组织成多层结构和簇,网络可以灵活地扩展,以适应不断增长的用户和交易量。新的节点可以根据需要加入特定的层或簇,而不会显著影响网络的整体性能。

容错能力:在分层和分簇的网络中,即使某些节点或簇发生故障,其他簇还可以继续正常运作。领导者节点的故障可以通过快速重新选举来解决,保证网络的稳定性和连续性。

优化资源分配:不同节点根据其能力和地理位置承担不同的任务,这种资源分配策略可以最大化利用现有的网络资源,避免资源浪费。

3)"网"或"簇"状分层设计

整体视图:将整个网络视为由多个簇(Cluster)构成,每个簇包含若干节点。这些簇通过一种高层网络结构相互连接。

簇内结构:每个簇内部有多个节点,这些节点可以是相似的,或者有特定的功能分配。例如,一些节点专门负责数据存储,而其他节点负责处理交易和执行智能合约。

在簇内部选举或指定一个或多个领导节点(Leader Node)。这些领导节点负责簇内的数据同步、交易验证等核心任务。

高层网络(网):各簇的领导节点彼此连接,形成一个高层网络。这个高层网络负责协调各簇之间的交互,例如跨簇交易的验证和数据的一致性保证。高层网络也可能包括一些专门的服务节点,例如跨链服务节点,这些节点负责处理与外部区块链或系统的交互。

连接和通信:簇内节点通过快速、局部的网络进行通信。簇与簇之间的通信则通过领导节点在高层网络中进行,这种设计可以减少网络拥塞和提高数据传输效率。

6.3 案例分析:以太坊的P2P网络

以太坊作为新一代以区块链作为底层技术的平台,在很多方面与比特币很类似,包括其节点同样具有钱包、挖矿、区块链数据库和路由四大功能,同样也是由于节点包含不同的功能而将其分为不同的类型,同样除了主网络之外还存在着许多的扩展网络。但是,与比特币不同的是其底层网络结构,比特币主网的P2P网络是无结构的,而以太坊使用P2P网络是有结构的,其 P2P 网络通过 Kademlia(Kad)算法来实现。Kad 算法作为 DHT(分布式哈希表)技术的一种,可以在分布式环境下实现快速而又准确的路由和定位数据的功能。

▶ 6.3.1　Kademlia 算法

Kademlia 算法作为一种分布式数据存储及路由发现算法,因其具有简单性、灵活性、安全性的特点,被以太坊用作底层 P2P 网络的主要算法。下面我们将通过一个例子形象地说明 Kademlia 算法的主要内容及其运行过程。

▶ 6.3.2　以太坊节点逻辑

1. 问题描述与场景假设

我们假设这样一个场景:有若干图书供同学们共享,为了公平起见每个人保存其中的几本,如果你想要看其他的书,就需要向保存这本书的学生来借。那么我们怎么能找到保存这本书的学生呢?如果一个一个去问的话,效率显然极低。将这个问题放到 P2P 网络中,就是一个节点如果需要某个资源,它怎么获取这个资源?怎么快速地找到存储该资源的节点?

2. 节点信息

就像我们在学校中对每一个学生有着唯一的标识一样,在 Kademlia 算法中给每个节点设置了几个属性来唯一标识一个节点,分别是节点 ID、IP 地址、端口号。对应到我们的例子中就是节点 ID 对应学生的学号,IP 地址和端口号对应学生的联系方式(电话号或者家庭住址)。

每个学生(节点)手中有以下信息:

- 分配给其的图书信息(分配到节点上的资源信息)。这里的信息指的是书名的哈希值和书本的内容(对于节点资源中理解为资源的索引和资源的内容,将其以<key, value>的形式存储在节点上)。
- 一个通讯录,里面存储着若干条记录,每条记录是某本书的书名哈希值和存储这本书的学生的学号和联系方式(一张路由表,每个路由项里面存储着某个资源的索引和存储该资源的节点信息,在 Kademlia 算法中,这个路由表称为 K-bucket,后面我们将对 K-bucket 进行详细的介绍)。值得注意的是,这里每个学生存储的只是一部分同学的联系方式(节点的路由表中只存储着一部分节点的信息)。

3. 资源存储及查找

那么问题来了,我们应该如何将书本分发给各个同学呢(将资源分配到节点上)?在 Kademlia 算法中它是这样做的:将每本书的书名做一个哈希计算,将得到书名的哈希值作为书本的索引,然后在书本的索引与节点 ID 之间建立一个映射。如果一本书的哈希值为 000110,那么这本书就会被分配给学号为 000110 的学生(这就要求哈希算法的值域和节点 ID 的取值范围是一致的,在以太坊中,节点 ID 的是 256 位二进制。因为以太坊中采用的 hash 算法是 SHA-3,结果长度为 256 位二进制)。

那这里就会有人问了,万一某一个学生联系不上了(节点下线或者退出网络)那岂不是他保存的书(资源)就没有办法获得了?为了解决这个问题,Kad 算法采取的方法是将这本书的副本存储在学号与 000110 最接近的若干位学生手里,这样学号为 000111、000101 等若干学生手里也会有这本书(在节点中就是将相同的资源存储在与目标节点 ID 最接近的几个节点上)。当你需要找到这本书时,你只要对书名进行哈希,就可以知道你要找的是哪一(几)个学生的联系方式了(对于节点中资源来说,我们只需要计算得到资源索引就可以知道要找哪一个或者哪几个节点了）。

4．节点定位

我们已经知道应该找哪一（几）个学生来获得图书，那么接下来的问题就是怎么找到他们的联系方式。这里我们对 Kademlia 算法中的路由表——K-bucket 进行介绍，作为一张路由表，K-bucket 中存储的就是节点的路由信息，但是和一般的路由表不一样的是，在 K-bucket 中是通过距离来对节点进行分类的，如图 6-1 所示。这里提到了节点间的距离问题。我们先来看下在 kad 算法中是如何计算两节点间的距离的。

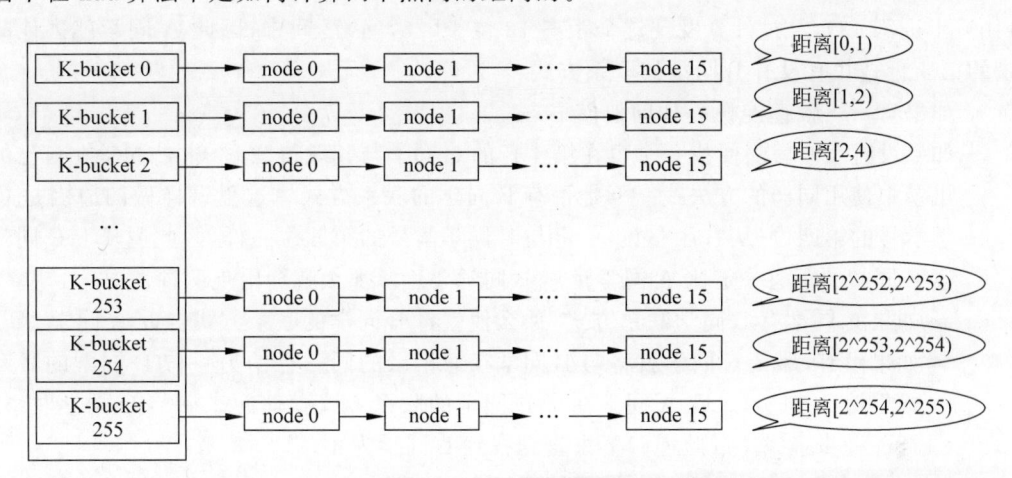

图 6-1 K-bucket 示意图

Kademlia 算法中节点间的距离是逻辑距离，这个逻辑距离是通过对节点 ID 进行异或来计算的。目标节点到本节点的距离在 $[2(i-1),2i)$ 范围内时，该节点被归为 K-bucket i。例如节点 ID 为 000111 的节点与节点 ID 为 000110、000011 的节点之间的距离计算为 000111 Å 000110＝000001（十进制 1）、000111 Å 000011＝000100（十进制 4）。那么按照上述的算法就是，在节点 ID 为 000111 的 K-bucket 中，节点 ID 为 000110 的节点被分配到 K-bucket 1 中、节点 ID 为 000011 的节点被分配到 K-bucket 3 中。

其实这种使用异或来计算距离的方式，相当于将整个网络拓扑组织成一颗二叉前缀树，如图 6-2 所示。这里所有的节点都分布在二叉前缀树的叶子节点上，这种组织形式相当于按其节点 ID 的每一位对节点距离进行分类。以图中的编号为 110 的节点为例，因为节点 000、001、010 是第三位（从右往左数）与 110 不同，因此这三个节点就被分配到 110 的 K-bucket 3 中，节点 ID 为 100、101 的节点因为是第二位（从右往左数）与 110 不同，因此这两个节点就被分配到 110 的 K-bucket 2 中，最后节点 ID 为 111 的节点因为是第一位（从右往左数）与 110 不同，因此它就被安排到 110 的 K-bucket 1 中。图 6-2 表示网络拓扑结构的二叉前缀树。

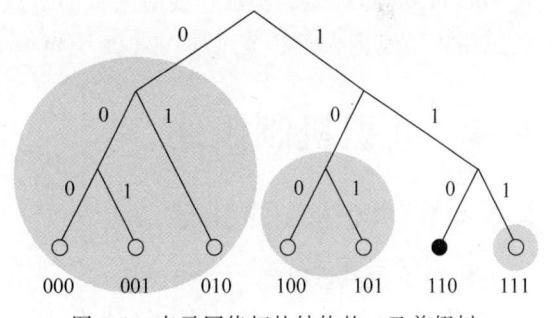

图 6-2 表示网络拓扑结构的二叉前缀树

回到以太坊中，在前面已经提到了每个节点 ID 是 256 位长，因此在以太坊中的节点的 K-bucket 大小分配为 256 行每行最多存储 16 节点的路由信息。

通过前面的内容我们已经知道了找到另一个学生联系方式（节点间的距离计算）的方法以

及每个学生存储的通讯录是怎样的结构(节点中 K-bucket 的存储结构)。那我们通过以下查找图书的示例来看一下在 Kad 算法中查找某一确定节点的方式是怎样的。

学号为 000111 的 A 同学想要找一本名叫《西游记》的书(节点 ID 为 000111 的节点想要找到某一个特定的资源),他首先通过对书名计算 hash 值来得到这本书的索引(得到资源的索引),经过计算得到《西游记》的 hash 值为 001011,那么他就知道这本书被保存在学号为 001011 的 B 学生手里。接着,A 同学就计算与这个学生的距离来查找他的通讯录(节点计算目标节点与自己的距离,在 K-bucket 中查找否有目标节点),经过异或计算:000111 Å 001011 = 001100(十进制 12),经过计算发现这个距离 12 位于[23,24)区间中,因此 A 同学就去他的通讯录的第 4 行查找有没有 B 同学的联系方式:

- 如果有——就直接联系 B 向他借书;
- 如果没有——就随便找一个也在第 4 行的 C 同学与其取得联系,让 C 同学在自己的通讯录中使用同样的方法找一下是否有 B 同学的联系方式。这里这样做的原因是 C 同学学号的第四位(从右往左数)一定与 B 同学学号的第四位一样,因此逻辑上 C 同学距离 B 同学的距离一定比 A 同学距离 B 同学要近。那么就会出现两种情况:
  - ✎ 如果 C 同学有 B 同学联系方式,那么他就将 B 同学的联系方式告诉 A 同学。
  - ✎ 如果没有,那么 C 同学就将与 B 同学在通讯录的同一行的另一位 D 同学的联系方式告诉 A 同学,之后 A 同学在将 D 同学的联系方式存储起来后与 D 同学联系,进行下一步查找。以此递归下去直到找到 B 同学为止。

这时有人就会问,上面提到一本书不是不仅仅保存在一个同学手里吗?我们为什么非要就找这一个同学?这是因为上面我们描述的是通过一个确定的节点 ID 来查找另一个节点的过程,对应着 Kademlia 算法中的 FIND_NODE 指令,当然问题中提到的做法是 Kademlia 算法中的另一个指令 FIND_VALUE。这个指令是通过资源的索引值来搜索指定的资源,其操作过程与 FIND_NODE 非常类似,最后终止的条件就是有某一个节点返回了我们要查找的资源数据。

值得一提的是,K-bucket 的这种更新机制是只有老的节点失效后,才会将新节点加入 K-bucket 中,这样做会保证在线时间长的节点会有更大概率被保留,增加了网络的稳定性,避免网络中节点因大量新节点加入更新 K-bucket 而出现拒绝服务的情况。

6.4 共识机制概述

▶ 6.4.1 共识机制的引入

1. 什么是共识机制

"共识"是什么?举个例子,当学生们参与学校社团,而社团需要选出一位团长来组织活动时,他们可能会通过投票来决定。在这个过程中,每个成员都有一票,可以选择投票或不投票。这个投票的过程和规则就是一个共识机制,它帮助大家选出大多数成员支持的候选人。这样,社团可以就谁应该担任团长达成一致意见,而这个被大多数人认可的人就会成为合法且有效的"团长"。其他候选人则没有得到足够的支持。

通过这个例子,我们可以更容易理解区块链中的共识机制:在区块链中,每个节点都存储着整个账本的信息,并且可以在自己的账本上添加新的区块。但如果每个节点都独立记账,系统就会陷入混乱,无法保持一致性。因此,只有当某个节点添加的区块得到其他节点的广泛认可时,这个区块才会被认为是合法和有效的,并且会被加入区块链中。其他未被认可的区块则不会被纳入区块链。

2. 共识机制的目标

区块链技术以其独特的数据存储方式而闻名,它按照时间顺序将数据打包成区块,并以链式结构连接起来,形成一个不可篡改的数据序列。这种结构不仅保证了数据的完整性和透明性,而且通过支持多种共识机制,确保了网络中的参与者能够在去中心化的环境中达成一致意见。共识机制在区块链技术中扮演着核心角色,它确保了分布式账本的稳定性和可靠性。

区块链共识机制的主要目标是实现所有诚实节点对区块链状态的一致性,这意味着所有遵循规则的节点都能保存一个完全一致的区块链副本。这种一致性是区块链网络正常运作的基石,它确保了网络中的每个参与者都能信任账本上的信息。具体来说,共识机制需要满足以下两个关键性质。

(1) 一致性:在区块链网络中,所有诚实的节点必须保存一个完全相同的区块链前缀。这意味着从创世区块开始,到最新确认的区块为止,所有节点的区块链副本在结构和内容上都是一致的。这种一致性排除了任何可能导致分叉或数据冲突的情况,确保了整个网络的稳定性和预测性。一致性是区块链网络抵抗恶意攻击和错误的关键,因为它要求任何试图篡改数据的行为都必须同时影响网络中的大多数节点,这在实际操作中几乎是不可能的。

(2) 有效性:有效性是指任何诚实节点发布的有效信息最终都会被网络中的其他所有诚实节点所接受,并记录在自己的区块链中。这意味着一旦一个区块被添加到区块链中,并且得到了网络的广泛认可,那么这个区块中包含的所有交易都将被视为有效,并且不可逆转。有效性确保了区块链的不可篡改性,因为一旦信息被确认并添加到区块链中,它就成为了区块链历史的一部分,任何试图改变这些信息的行为都将被网络拒绝。

总的来说,区块链共识机制通过确保一致性和有效性,为去中心化网络提供了一个可靠的决策框架。这使得区块链技术不仅在金融领域,而且在供应链管理、智能合约、身份验证等多个领域都展现出巨大的潜力和价值。

3. 需要共识机制的原因

在分布式系统中,各个不同的主机通过异步通信方式组成网络集群。为了保证每个主机达成一致的状态共识,就需要在主机之间进行状态复制。异步系统中,可能会出现各样的问题,例如主机出现故障无法通信,或者性能下降,而网络也可能发生拥堵延迟,类似的种种故障有可能会发生错误信息在系统内传播。因此需要在默认不可靠的异步网络中定义容错协议,以确保各主机达成安全可靠的状态共识。所以,利用区块链构造基于互联网的去中心化账本,需要解决的首要问题是如何实现不同账本节点上的账本数据的一致性和正确性。

这要求我们参考现有在分布式系统中用来实现状态共识的算法,设计出在网络中选取记账节点的策略,并确保账本数据能够在全球网络中达成精确且统一的共识。

▶ 6.4.2 共识机制的设计

1. 去中心化原则

定义:共识机制应确保网络中不存在单一的控制中心或信任点,所有节点在网络中具有相等的权利和责任。

实现:通过分布式账本技术,每个节点保存完整的交易记录,确保网络的决策过程分散。

2. 安全性原则

定义:共识机制必须能够抵御各种攻击,包括但不限于网络攻击、数据篡改等。

实现：采用加密技术保护数据完整性，设计防御策略以防止常见的攻击手段。

3. 效率原则

定义：共识过程应尽可能减少资源消耗，包括计算资源、存储空间和能源。

实现：优化算法减少不必要的计算，采用轻量级协议减少数据传输。

4. 可扩展性原则

定义：随着网络参与者的增加，共识机制应能够适应更大的交易量和网络规模。

实现：设计可动态调整的参数，支持水平扩展和网络分片技术。

5. 公平性原则

定义：所有参与者应有平等的机会参与到共识过程中，不应存在偏向特定节点的情况。

实现：设计算法确保每个节点根据其贡献（如计算力、持有的代币等）获得相应的影响力。

6.4.3 奖励机制的设计

奖励机制是多数共识机制中不可或缺的一部分，旨在激励节点积极参与网络维护，确保系统的健康运行。奖励机制的设计需平衡以下几个目标。

激励参与：通过发放代币或其他形式的奖励，鼓励节点贡献算力、存储或资金来维护网络。

防止滥用：设计机制防范女巫攻击、自私挖矿等行为，确保节点行为符合网络最佳利益。

经济可持续性：确保奖励分配机制长期可行，避免通货膨胀或紧缩带来的经济不稳定。

在 PoW 中，奖励主要来自新区块的挖矿奖励和交易费；而在 PoS 和 DPoS 中，则是通过验证交易或生产区块来获得代币奖励。奖励机制的设计不仅要考虑即时激励，还需兼顾长远的网络稳定性和生态健康发展。

6.5 区块链共识机制

6.5.1 工作量证明

1. PoW 算法原理

工作量证明（PoW）算法是区块链技术中用于达成共识和维护网络安全的一种机制。其核心思想是通过计算力来证明节点完成的工作量，从而确保网络中的交易记录是经过验证和不可篡改的。PoW 算法的实施，使得区块链网络能够抵抗恶意攻击，因为攻击者需要巨大的计算资源来篡改区块链上的数据。

在 PoW 算法中，为了使自己的交易被确认并打包进区块链，节点需要参与到一个计算密集型的竞争过程中，这个过程被称为"挖矿"。挖矿的核心任务是解决一个特定的数学难题，这个难题被设计为需要大量的计算资源和时间来解决，因此被称为"工作"。这个难题通常涉及找到一个特定的数值，使得加上新的交易区块后的哈希值满足一定的条件，例如以特定数量的零开头。

由于这个难题的解决过程是随机且不可预测的，节点需要不断尝试不同的数值，直到找到一个合适的解。这个过程需要消耗大量的电力和计算资源，因此只有那些拥有高性能硬件和足够算力的节点才更有可能成功解决难题。当一个节点成功解决了难题，它就有权将新的区块添加到区块链上，并因此获得网络协议规定的奖励，通常是新生成的加密货币和/或交易费。

PoW算法的设计有几个关键的优势。首先，它通过经济激励机制鼓励节点参与网络的维护工作，因为挖矿成功的节点可以获得奖励。其次，它提高了区块链的安全性，因为攻击者需要控制网络中超过50%的计算力才能成功篡改区块链数据，这在经济上是不可行的。最后，PoW算法通过工作量证明来达成网络共识，确保了区块链的去中心化和抗审查性。

然而，PoW算法也面临着一些挑战和批评。最主要的问题是其对能源的巨大消耗，因为全球范围内的挖矿活动消耗了大量的电力。此外，随着专业挖矿硬件的出现，挖矿过程越来越中心化，这与区块链去中心化的初衷相悖。因此，许多新的区块链项目正在探索替代的共识机制，如权益证明（Proof of Stake，PoS）和委托权益证明（Delegated Proof of Stake，DPoS），以解决这些问题。

2. PoW算法特点

去中心化：任何人都可以参与挖矿，没有中心化的控制机构。

安全可靠：只有拥有足够计算能力的节点才能打包交易并获得奖励，这使得攻击者难以篡改区块链数据。

资源消耗大：为了获得更多的挖矿机会，节点需要投入大量计算资源，造成能源浪费。

确认时间长：每个区块的生成需要一定时间，导致交易确认时间较长。

3. PoW算法优缺点

1）优点

去中心化：无须信任任何第三方机构，所有节点共同维护区块链。

安全性高：只有拥有足够计算能力的节点才能参与挖矿，有效防止恶意攻击。

公平性：所有节点都有平等的机会参与挖矿，获得奖励的机会均等。

2）缺点

资源消耗大：大量计算资源的投入导致能源浪费，增加了环境负担。

扩展性差：交易确认时间长，限制了区块链的可扩展性。

容易产生分叉：当存在多个挖矿节点同时解决难题时，容易产生分叉，需要额外的机制来处理。

▶ 6.5.2 权益证明

PoS（Proof of Stake，权益证明）是一种区块链共识机制，它旨在解决PoW（Proof of Work，工作量证明）机制中存在的一些问题，如能源消耗大、算力集中化等。以下是PoS机制的基本原理及其如何解决PoW的问题。

1. PoS机制的基本原理

权益代替算力：在PoS机制中，节点获得记账权（即创建新区块的权利）不再依赖于算力，而是依赖于其持有的代币数量和持有时间。这被称为"权益"或"质押"。

随机选择：每个节点根据其权益大小获得相应比例的被选中概率。这意味着持有代币越多，或持有时间越长，被选中为下一个区块的生产者的概率越大。

奖励机制：成功创建区块的节点会获得区块奖励，这激励了节点参与网络维护。

安全性：PoS通过权益质押增加了作恶的成本，因为任何试图攻击网络的行为都可能导致其质押的资产损失。

2. PoS如何解决PoW的问题

能源效率：PoS不要求节点进行大量的计算工作，因此大大减少了能源消耗，更加环保和可持续。

去中心化：PoS通过权益分配记账权，降低了算力集中化的风险，因为算力不再是决定性因素。

网络性能：由于不需要进行复杂的哈希计算，PoS可以提高区块生成的速度，从而提升网络的交易处理能力。

抗分叉能力：在PoS中，如果节点选择分叉链，它们可能会失去其质押的代币，这增加了分叉的成本和风险。

抵抗算力垄断：PoS减少了算力垄断的可能性，因为记账权不再由拥有最多算力的矿池控制。

避免无币不挖矿问题：PoS通过质押解决了PoW中可能出现的"无币不挖矿"问题，即在PoW中，如果一个矿工没有足够的算力，他们可能不会参与挖矿。而在PoS中，即使小额持币者也可以通过质押参与网络维护并获得奖励。

PoS作为一种新兴的共识机制，提供了一种替代PoW的方法，旨在实现更加高效、环保和去中心化的区块链网络。然而，PoS也面临一些挑战，例如可能的权益集中问题和"无风险"利息问题，这些都需要通过进一步的设计和优化来解决。

6.5.3 委任权利证明

DPoS(Delegated Proof of Stake，委托权益证明)是一种区块链共识机制，它通过代表投票的方式来提高网络的效率和治理能力。

1. 提高效率

减少节点数量：DPoS通过选举一定数量的代表(如EOS的21个超级节点)来负责区块的生成和网络维护，这减少了参与共识过程的节点数量，从而降低了网络的通信和计算负担。

快速交易确认：由于区块生成更加集中，DPoS可以提供更快的交易确认时间和更高的交易吞吐量，这对于需要快速处理大量交易的商业应用尤为重要。

降低能源消耗：与传统的PoW和PoS相比，DPoS不需要大量的计算资源，因此能源消耗更低，更加环保和经济。

优化的网络结构：DPoS通过减少节点数量，简化了网络结构，减少了网络拥堵和延迟，提高了整体效率。

2. 提升治理

持币者投票权：在DPoS中，持币者可以直接或间接地通过投票参与网络治理，选择他们信任的代表来维护网络，这确保了系统的去中心化和公平性。

动态代表选举：持币者可以随时更换投票对象，这种动态调整机制保证了代表的选举能够反映社区的最新意愿，提升了网络的灵活性和适应性。

代表的责任和激励：代表需要抵押一定数量的代币以获得候选资格，并且如果未能按照规则产生新的区块或违反规则，他们可能会被其他代表或社区成员罢免，这增加了代表的责任感。

社区参与度：DPoS鼓励社区成员积极参与网络治理，通过投票和代表的选举，持币者可以对网络的发展方向和政策产生影响。

治理机制：一些DPoS项目如EOS引入了链上治理功能，利用DPoS系统来选择能够做出协议决策的区块生产者(BP)，这包括系统参数的更改、用户协议的更新等。

DPoS通过结合效率和治理的优势，为区块链网络提供了一种更加高效、民主和环保的共识机制。然而，DPoS也面临一些挑战，如代表集中化的风险和代表可能的腐败问题，这些都需要通过进一步的设计和社区治理来解决。

6.5.4 拜占庭共识机制

PBFT(Practical Byzantine Fault Tolerance，实用拜占庭容错)是一种为了解决分布式系统中的拜占庭将军问题而设计的共识算法。它特别适用于私有链和联盟链这两种区块链类型，在这些链中，网络中的参与者是已知和可信的，但仍需防范一定数量的恶意节点。以下是PBFT在私有链和联盟链中的应用分析。

1. 私有链中的应用

环境控制：私有链通常由单一机构控制，所有节点都受该机构管理。由于节点可信，PBFT可以高效地工作，因为算法假设网络中不存在恶意节点，只考虑系统或网络故障。

高性能：在私有链中，由于网络环境较为封闭和可控，PBFT能够提供快速的交易确认和高吞吐量，因为通信开销较小，且节点间信任度高。

容错能力：尽管PBFT主要用于解决恶意节点问题，但它也具备一定的容错能力。在私有链中，PBFT可以容忍一定数量的故障节点，保持系统稳定运行。

2. 联盟链中的应用

节点信任与验证：联盟链由多个机构组成，节点间的互信程度较低。PBFT允许联盟链在存在一定数量的恶意节点的情况下，通过多轮消息传递达成共识。

通信效率：PBFT通过优化的通信模式减少了节点间通信的复杂度。在联盟链中，这可以减少因节点间通信引起的延迟，提高交易处理速度。

动态节点管理：联盟链可能需要动态地添加或移除节点。PBFT算法支持动态地调整共识参与节点，适应网络的变化。

安全性：PBFT通过数字签名和验证机制确保了交易的安全性，防止了恶意节点对共识过程的破坏。

优化与改进：针对PBFT在联盟链中存在的通信开销问题，研究者提出了多种改进方案，如信用机制、备用主节点机制等，以提高系统的可用性和安全性。

适用于特定场景：PBFT算法适用于那些对交易速度和最终性有较高要求，同时节点数量不是非常庞大的区块链网络。例如，供应链管理、金融服务等领域的区块链应用。

PBFT算法在私有链和联盟链中的应用，展示了其在需要高效率和一定安全性的区块链环境中的优势。然而，PBFT也存在一些局限性，例如在节点数量较多时通信开销可能变大，以及在公有链环境中可能面临的女巫攻击问题。随着区块链技术的发展，PBFT及其变种算法将继续在私有链和联盟链中发挥重要作用。

6.5.5 其他共识机制

PoA(Proof of Authority，权威证明)、PoC(Proof of Capacity，容量证明)、PoET(Proof of Elapsed Time，耗时证明)是区块链共识机制中除了PoW、PoS和DPoS之外的一些其他机制。以下是对这些机制的介绍。

1. PoA

定义：PoA(权威证明)是一种基于"权威"或"声誉"的共识机制，其中网络中的验证者或矿工是预先选定的,并且通常公开其身份。这些验证者因其信誉和权威性而被选为负责创建新区块和确认交易。

工作方式:在 PoA 网络中,区块的创建者是被社区信任和认可的节点,这些节点可能是基于其持有的权益、活跃度或其他标准被选出。

优点:PoA 网络通常能够实现快速和低成本的交易确认,因为不需要大量的计算工作来达成共识。

应用场景:PoA 适用于私有链和联盟链,其中参与者的身份是已知的,并且网络的去中心化程度可能不如公有链那么高。

2. PoC

定义:PoC(容量证明)是一种根据节点存储容量的大小来分配其在网络中的权益和责任的共识机制。它鼓励节点使用更多的存储空间来支持网络。

工作方式:在 PoC 系统中,存储空间被用作"挖矿"资源,节点根据其贡献的存储容量获得相应的区块奖励。

优点:PoC 不依赖于计算能力,因此可以减少能源消耗,并且可能更适合存储密集型的应用场景。

应用场景:PoC 可以用于那些需要大量数据存储和检索的区块链应用,如分布式文件系统。

3. PoET

定义:PoET(耗时证明)是一种通过随机选择一个节点来创建新区块的共识机制,这个选择过程与节点等待的时间相关。

工作方式:在 PoET 中,每个节点生成一个随机的等待时间,并且等待直到该时间过去。第一个完成等待的节点获得创建新区块的权利。

优点:PoET 旨在提供一种公平且节能的方式来选择区块创建者,因为它不依赖计算能力或存储空间的竞争。

应用场景:PoET 适用于需要高效且环保共识机制的区块链平台,特别是那些希望减少挖矿活动对环境影响的系统。

这些共识机制各有特点,它们被设计来解决不同区块链平台面临的特定问题,如能源效率、网络去中心化程度、交易速度等。随着区块链技术的发展,未来可能还会出现更多创新的共识机制来满足不同的需求。

6.6 思考题

1. 区块链网络的去中心化特性如何影响其共识机制的选择?

思考点:去中心化程度对共识机制的安全性、效率和公平性有何影响?

2. PoW 共识机制在能源消耗和网络安全性之间如何取得平衡?

思考点:分析 PoW 机制中的能源消耗问题,以及它是如何保证网络安全的。探讨可能的改进方法。

3. PoS 和 DPoS 共识机制相比 PoW 有哪些优势和潜在的风险?

思考点:比较 PoS 和 DPoS 与 PoW 在能源效率、交易速度和去中心化程度上的不同,并讨论它们可能面临的风险。

4. PBFT 共识机制在私有链和联盟链中的具体应用场景有哪些？

思考点：探讨 PBFT 在特定区块链平台中的应用，例如 Hyperledger Fabric，并分析其如何满足这些平台的需求。

5. PoA、PoC 和 PoET 共识机制对于区块链网络性能和可扩展性的影响是什么？

思考点：评估这些共识机制如何影响交易处理速度、网络的响应时间和整体的可扩展性。讨论它们在不同类型的区块链（如公有链、私有链、联盟链）中的适用性。

第 7 章　以太坊与智能合约

7.1　智能合约概述

在 20 世纪 70—80 年代，随着计算机的问世，对其的理论研究达到了巅峰。研究人员致力于使计算机能够帮助人类承担更多的任务，以解放人类的生产力。在此期间，公钥密码学也取得了革命性的进步。有人提出了让计算机替代人类进行商业市场管理的设想，但在技术层面上阻碍重重。

直到 1994 年，著名的计算机科学家、密码学家和法学家尼克·萨博（Nick Szabo）在他的研究论文《智能合约》"Smart Contracts"中提出了"智能合约"的概念，并于 1996 年在其著作《智能合约：数字市场的构建基石》（*Smart Contracts: Building Blocks for Digital Markets*）中对其进行了深入的阐述和完善。他将智能合约定义为一套以数字形式定义的承诺，包括合约参与方可以在上面执行这些承诺的协议。智能合约旨在成为一个可信赖的"自动执行者"，代替人类作为合约执行的中间人，确保各方按照预先设定的规则去执行合约，无须额外的人为干预或附加的信任条款。尽管当时尚未具备智能合约去中心化应用的技术基础，但已出现了许多体现智能合约理念的场景。例如自动售货机、银行账户转账、在线购物等都在不同程度上使用了智能合约。然而，所有这些场景都需要中心化机构或中介来维持运营。举例来说，银行账户转账需要经由发起行、清算机构和接收行等中心化机构。而网络购物则需要通过电商平台、支付机构和银行等中介才能保证交易顺利完成。

尽管智能合约的理论几乎与互联网同时涌现，但其实际应用却一直严重滞后，缺乏将概念转化为应用的清晰路径。这主要归结为两个问题：一是智能合约如何控制实体资产并有效执行合约。自动售货机可以通过内部控制商品来保障财产所有权，但计算机程序很难处理现实世界中的现金、股票等资产；二是计算机难以保证能够严格执行合约条款以赢得各方的信任，合约方需要可信赖的解释和执行代码的计算机，但它无法亲自审查有问题的计算机，也无法直接观察和验证其他合约方的执行行为。要解决这些问题，就需要第三方来审核各方合约执行的记录，但这与智能合约去中心化的设计初衷相悖。

区块链技术的出现为上述问题提供了完美的解决方案，并为智能合约应用奠定了基础。区块链通过将合约执行规则纳入其共识机制，将合约代码和状态存储到区块链上。当合约被触发时，系统会自动读取并执行合约代码，执行结果返回到合约状态，从而使区块链成为合约计算的可信环境。同时，区块链的去中心化、不可篡改、透明可追溯等特点也为完全数字化资产的记录和转移奠定了基础，通过数字化资产，智能合约可以实现对资产的有效控制。因此，区块链为智能合约的执行提供了可信环境，不仅扩展了数据库的功能，还成为了可以执行代码和记录资产所有权的分布式系统。可以说，如今智能合约已经成为了区块链的一项重要技术特征。

区块链中的智能合约是基于区块链技术的自动执行的计算机程序，通常使用智能合约编程语言（如Solidity、Vyper、Rholang等）进行编写。它们通过定义合约条款、条件和执行逻辑，实现合约的自动化执行，并在满足特定条件时触发相应的操作，无须第三方干预和介入。区块链中的智能合约不仅能够发挥智能合约在成本效率方面的优势，还能避免恶意行为对合约的正常执行产生干扰。将智能合约以数字化的形式写入区块链中，由区块链技术的特性保障存储、读取、执行，整个过程透明可追踪、不可篡改。同时，由区块链自带的共识算法构建出一套状态机系统，使智能合约能够高效地运行。这一技术为数字化时代的合同和交易提供了一种高效、安全和可信赖的解决方案。

7.2 智能合约设计流程

智能合约案例的流程图设计是一个高度定制化的过程，它紧密围绕特定应用场景的业务逻辑和需求来构建。智能合约作为一种在区块链上自动执行、控制或文档化法律事件和行动的计算机程序，其应用范围广泛，涵盖了数字货币交易、物流追踪、供应链金融、投票系统、知识产权保护等多个领域。下面，我们将以一个数字货币交易的智能合约为例，详细扩充并优化其流程图说明，同时避免重复步骤，确保流程清晰连贯。数字货币交易智能合约流程图如图7-1所示。

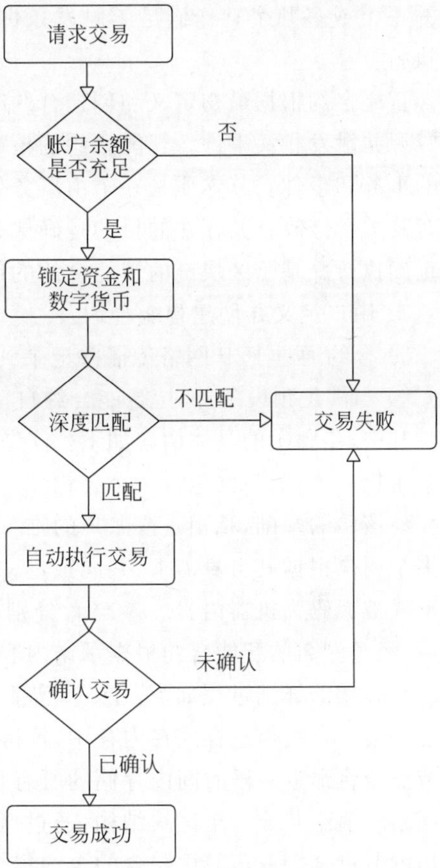

1. 买方发起购买请求

买方向智能合约中写入购买数字货币的请求，包括欲购买的数字货币种类、数量以及愿意支付的价格。

2. 智能合约初步验证

智能合约首先检查买方账户余额是否足够支付交易金额。同时，查询当前市场上卖方提供的数字货币价格及可交易量，初步判断交易可行性。

3. 锁定资金和数字货币

若初步验证通过，智能合约将自动锁定买方账户中相应数量的法定货币（或加密货币，取决于交易双方约定）。同时，合约也会锁定卖方账户中相应数量的目标数字货币，以防在交易完成前被其他交易占用。

图7-1 数字货币交易智能合约流程图

4. 深度匹配与最终确认

在资金和数字货币被锁定后，智能合约进行更深入的匹配检查，包括价格最终确认、交易双方账户状态复核等，确保交易条件在交易执行前未发生变化，如市场价格波动未导致交易失效。

5. 自动执行交易

一旦所有条件满足，智能合约无须人工干预，自动执行交易，将买方的法定货币（或加密货币）转移至卖方账户，同时将卖方的数字货币转移至买方账户。

6. 交易完成确认与解锁

交易完成后，智能合约通知买方和卖方交易状态，并要求双方确认交易无误。双方确认后，合约释放之前锁定的资金和数字货币，交易正式结束。若在规定时间内未收到双方确认，合约也可能根据预设规则自动解锁资金，处理异常情况。

7.3 智能合约的工作原理

基于区块链的智能合约包含了处理和存储事务的机制，以及一个完备的状态机，用于接受并处理各类智能合约，同时，事务的存储和状态处理也会在区块链上完成。事务主要包括需要传输的数据，而事件是这些数据的描述信息。一旦事务和事件传入智能合约，合约资源集合中的资源状态将会更新，从而触发智能合约进行状态机判断。如果自动状态机中的一个或多几个动作满足了触发条件，则由状态机根据预设信息选择智能合约动作并自动执行。

智能合约根据最初定义和创建合约时给出的触发条件，当条件满足时，自动给出预设的数据资源并触发相关事件。智能合约的核心在于通过智能合约模块处理事务和事件，输出一组新的事务和事件。其本质是一个由事务处理模块和状态机构成的系统，既不产生智能合约，也不对其进行修改。其存在的目的是确保一组复杂的数字化承诺能够在满足参与者意愿的情况下正确执行。基于区块链的智能合约的创建及执行步骤如下：

① 用户定义并创建智能合约。
② 合约通过P2P网络传播并记录到区块链中。
③ 当满足预设条件时，智能合约自动执行。

其中，步骤①的具体内容如下：首先，参与者需要注册成为区块链用户，区块链系统会分配给用户一个密钥对（包含一个公钥和一个私钥）。公钥是用户在区块链上的账户地址，是进行交易核验的基础，私钥是该账户的唯一凭证，代表了用户的所有权和交易权限。之后，两个或多个用户根据其自身需求，共同拟定一份承诺，承诺中包含了各方的权利和义务，以电子化的形式被编码为机器语言。参与者分别使用各自私钥对其进行签名，以确保合约的有效性。最后，经过签名的智能合约根据承诺内容传输到区块链网络中。

步骤②的详细过程如下：首先，智能合约通过P2P网络发送到区块链的各个验证节点，这些节点会将合约信息存储在内存中，等待共识机制触发时对合约进行处理。在共识过程中，验证节点会将最近一段时间内存储的所有合约打包成一个集合，并计算出该集合的哈希值，然后将该哈希值组装成一个区块结构，通过区块链P2P网络将其发送给其他验证节点，收到区块结构的节点会提取出其中包含的合约集合的哈希值，与自身存储的合约集合的哈希值进行比较。同时，它们会向其他验证节点发送一份自己信任的合约集合。通过多轮的传输和比较，所有的验证节点最终在规定的时间内达成对最新的合约集合的共识。

步骤③的具体流程如下：首先，智能合约会定期自动查询其状态机状态，逐个遍历每个合约内包含的事务和触发条件，如果事务满足触发条件，则将其推送到待验证队列，等待共识；如果事务未满足触发条件，则将其继续存放在区块链中。接着，最新轮验证的事务将会被发送到每一个验证节点，与普通区块链交易和事务一样，验证节点首先进行签名验证，确保事务的有效性，通过验证的事务将被加入待共识集合，等到大多数验证节点达成共识后，执行事务并通知用户。事务执行完毕后，智能合约内置的状态机会评估对应合约的状态，一旦合约包含的所有事务都顺序执行完毕，状态机会将合约的状态标记为已完成，并从最新的区块中移除该合约；反之则将其标记为进行中，继续保存在最新的区块中等待下一轮处理，直到流程结束处理完毕。整个事务和状态的处理都由区块链底层内置的智能合约系统自动完成，全程透明、可追溯、不可篡改。

7.4　智能合约的优缺点

就像任何其他新兴的系统协议一样，智能合约也并非完美无缺。尽管它们在许多方面展现出巨大的潜力，但在实际应用中，智能合约的使用也伴随着一系列的优点和缺点。

智能合约的优点如下。

（1）高时效性：智能合约具有高效制定合约的能力，对比传统合约，智能合约无须依赖第三方权威机构或中心机构，并且能够随时响应用户请求，大大减少了协议制定的中间环节，提高了效率。

（2）公开透明：智能合约的交易过程是透明的，所有参与方都共享相同的信息，减少了合同条款的操纵可能性。

（3）低成本：智能合约通过计算机程序执行，减少了人为干预，降低了监督和执行成本。

（4）可信赖：智能合约一旦部署在区块链上，就无法被篡改，保证了数据的完整性和安全性。

（5）多方计算：区块链中的智能合约通过多个节点的背书来达成共识。如果想要进行作弊，必须控制至少51%以上的节点，这大大增加了作弊的成本。

智能合约的缺点如下。

（1）技术依赖性：智能合约依赖程序员编写的代码，并且一旦部署便无法修改，任何代码错误都可能影响合同的执行，带来潜在风险。2016年4月上线于以太坊的The DAO项目就是一个典型案例。该项目在众筹过程中募集了超过1.5亿美元的以太币，但由于存在程序漏洞，导致大量以太币被盗。由于智能合约的不可篡改特性，项目执行者对此次攻击束手无策，最终只能通过人为分叉来解决问题，这大大损害了区块链的公信力。

（2）缺乏法律保障：智能合约的执行基于代码，在一些法律体系下可能缺乏监管和法律保障，带来合规风险。

（3）兼容性问题：不同的区块链平台可能使用不同的智能合约语言和标准，这导致了跨平台兼容性的问题。企业在选择智能合约平台时需要考虑这些因素，以确保其应用能够在不同的环境中顺利运行。

7.5　智能合约的应用场景

智能合约可以应用于多个领域，如图7-2所示。以下列举一些典型的应用范例。

▶ 7.5.1　政府投票系统

传统的投票系统存在投票过程烦琐、投票结果易被篡改、投票透明度低等诸多弊端。智能合约可以在政府投票系统中实现透明、公正的选举过程。区块链技术为选民的投票提供了一个安全记录和验证环境，确保每一票的真实性与保密性。此外，智能合约的自动化执行可以实

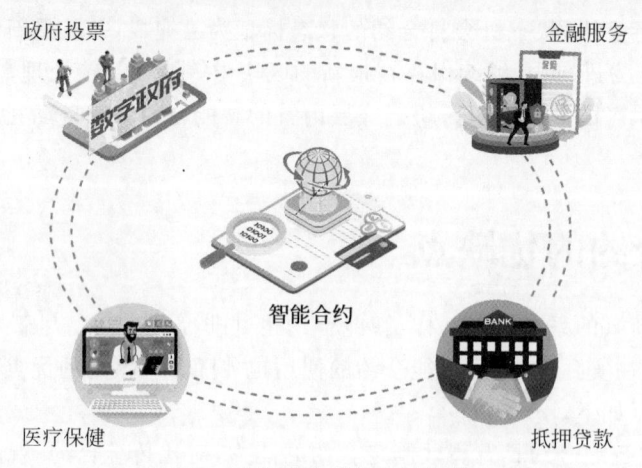

图 7-2 智能合约的应用场景

时统计结果,降低人工错误的可能性,提高选举效率。

▶ 7.5.2 医疗保健系统

在医疗保健领域,智能合约能够帮助管理患者的医疗记录、保险索赔及支付流程。通过智能合约,患者的医疗数据可以安全地存储在区块链上,只有特定的人才被允许访问这些记录,确保了隐私和安全,同时实现医生、医院和保险公司之间的信息共享,从而简化保险索赔流程,减少欺诈行为。

▶ 7.5.3 金融服务和保险

智能合约在金融服务和保险行业的应用非常广泛。它们可以用于自动化贷款、融资和保险索赔等流程。例如,在保险行业中,智能合约可以根据预设条件自动触发赔付,减少处理时间,提高客户满意度。同时,智能合约还可以用于去中心化金融(DeFi),实现无须中介的交易和投资。

▶ 7.5.4 抵押贷款交易

在抵押贷款交易中,智能合约能够简化整个贷款申请和审批流程。借款人和贷方之间的条款可以在智能合约中明确规定,一旦条件满足,资金将自动转移。这样可以降低欺诈风险,加速交易速度,并减少对传统金融机构的依赖。

7.6 以太坊智能合约基础

智能合约是构成以太坊应用程序的基石,是存储在区块链上的计算机程序,遵循 IF This Then That(IFTTT)逻辑,能够按预定义的规则执行,一旦创建便无法更改。以太坊上的智能合约构建了一个数字市场,可以实现自动化、有密码学保障的安全的流程,使交易和商业功能能够在无须可信中介的情况下进行。

智能合约通常使用 Solidity 等高级语言编写。但为了运行,它们必须编译成可在以太坊虚拟机(Ethereum Virtual Machine,EVM)中运行的低级字节码。编译完成后,EVM 通过一个特殊的合约创建交易并将其部署在以太坊平台上,该交易具有特殊的合约创建地址(0x0)。

第7章 以太坊与智能合约

每个合约由一个以太坊地址标识,该地址由合约创建交易根据发起账户和随机数生成。以太坊合约地址可以在交易中用作接收方,用于向合约发送资金或调用合约函数。需要注意的是,不同于外部账户(Externally Owned Accounts,EOA),没有与为新智能合约创建的账户关联的密钥。合约的创建者在协议层面上没有任何特殊权限(尽管创建者可以在智能合约中明确编写这些权限),也不会收到合约账户的私钥,因为它实际上并不存在——我们可以说智能合约账户是自我拥有的。

合约只有在被交易调用时才会运行。以太坊中的所有智能合约都是因为从 EOA 发起的交易而执行的。一个合约可以调用另一个合约,而后者又可以调用其他合约,以此类推,但这种执行链中的第一个合约总是由 EOA 的交易调用的。合约平时一直处于休眠状态,从不会"自行"或"在后台"运行,直到交易直接触发或者将其作为合约调用链的一部分间接触发。

交易是原子性的,它们要么成功执行,要么被还原。交易的成功执行在不同场景下有不同的意义:①如果交易是从一个 EOA 发送到另一个 EOA,则交易对全局状态(例如账户余额)的任何更改都会被记录;②如果交易是从 EOA 发送到一个不调用其他合约的合约,则对全局状态的任何更改都会被记录(例如账户余额、合约的状态变量);③如果交易是从 EOA 发送到一个仅以传播错误方式调用其他合约的合约,则对全局状态的任何更改都会被记录(例如账户余额、合约的状态变量);④如果交易是从 EOA 发送到一个以不传播错误方式调用其他合约的合约,则可能只有部分全局状态更改会被记录(例如账户余额、未出错合约的状态变量),而其他对全局状态的更改不会被记录(例如出错合约的状态变量)。否则,如果交易被还原,则它的所有影响(状态更改)都会被"撤销",仿佛交易从未执行过。失败的交易仍会被记录为已尝试执行,执行所花费的以太币 Gas 会从发起账户中扣除,但除此之外不会对合约或账户状态产生其他影响。

如前所述,重要的是要记住,合约的代码是不能更改的。但是,可以"删除"合约,从其地址中删除代码及其内部状态(存储),留下一个空白账户。在删除合约后发送到该账户地址的任何交易都不会导致任何代码执行,因为那里不再有任何代码可以执行。要删除合约,请执行名为 SELFDESTRUCT(以前称为 SUICIDE)的 EVM 操作码。该操作会花费"负 Gas",即 Gas 退款,从而激励从删除存储状态中释放网络客户端资源。以这种方式删除合约并不会删除合约的交易历史(过去),因为区块链本身是不可变的。同样重要的是要注意,只有当合约作者将智能合约编程为具有该功能时,SELFDESTRUCT 功能才可用。如果合约的代码没有 SELFDESTRUCT 操作码,或者无法访问,则无法删除智能合约。

合约的代码无法更改,但是合约可以被删除,从其地址中移除代码及其内部状态(存储),留下一个空账户。删除合约后,任何发送到该账户地址的交易都不会执行任何代码,因为那里已经没有代码可以执行。要删除合约,需要执行一个名为 SELFDESTRUCT 的 EVM 操作码。这个操作会产生"负 Gas"(Gas 退款),从而通过删除存储状态来释放网络客户端资源。以这种方式删除合约不会移除合约的交易历史,因为区块链本身是不可变的。还需要注意的是,SELFDESTRUCT 功能只有在智能合约的编写者将其编入智能合约代码中时才可用。如果合约代码中没有 SELFDESTRUCT 操作码,或者该操作码不可访问,那么智能合约是无法被删除的。

7.7 以太坊智能合约开发环境介绍

以太坊具有多样化的开发环境和工具，使得开发者能够在以太坊平台上高效地创建、测试和部署智能合约和去中心化应用(DApps)。不同的工具和环境可以根据项目需求和开发者偏好进行选择和组合。本节将以 Remix IDE 为例，介绍以太坊智能合约的开发。

Remix IDE 是一款便捷的在线编辑器，可以在浏览器环境中快速编写、调试和部署合约代码，无须进行复杂的本地安装和配置，方便易用，非常适合入门以太坊智能合约开发的初学者，同时也具备了足够强大的功能，可以支持专业开发者的复多样化需求。Remix IDE 的主要功能如下：

（1）智能合约开发：Remix 允许开发者使用 Solidity 语言编写以太坊智能合约。它提供了功能丰富的代码编辑器，支持语法高亮、代码自动完成及其他辅助开发功能。

（2）编译和部署：开发者可以在 Remix 中编译智能合约，并直接从界面将其部署到以太坊网络，包括主网和各种测试网。

（3）调试和测试：Remix 提供调试工具，帮助开发者测试和排查智能合约中的问题。它支持执行合约调用、检查交易结果以及跟踪函数调用过程。

（4）集成开发环境（IDE）：Remix 是一个完整的集成开发环境，不仅具备代码编辑和编译功能，还集成了智能合约的部署和交互界面，使开发者能够在统一的界面中完成大部分开发任务。

Remix IDE 的网址链接建议使用谷歌或火狐浏览器打开。

进入网址链接后的页面如图 7-3 所示。

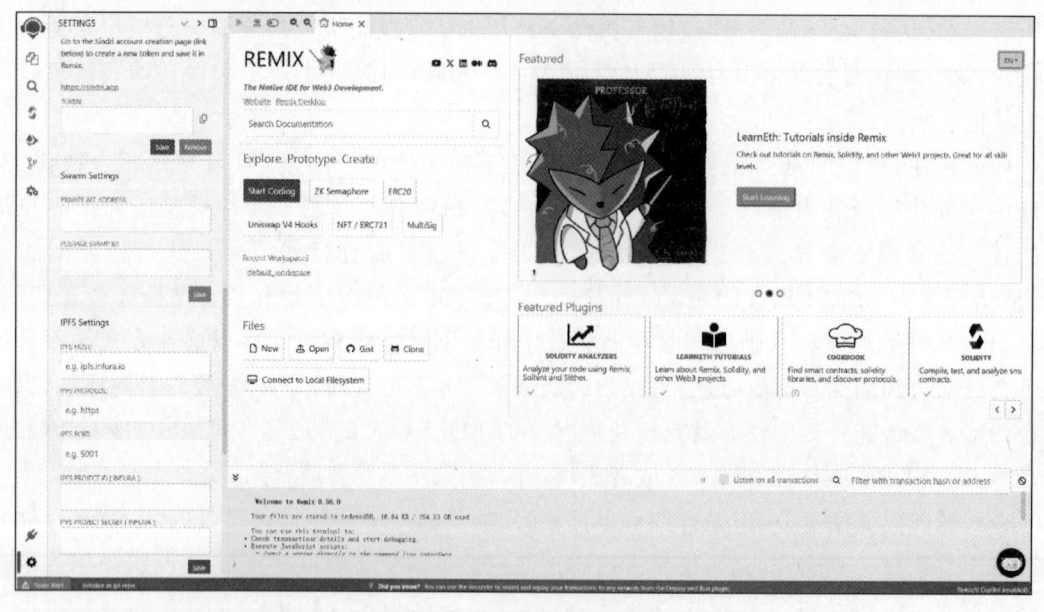

图 7-3 Remix IDE 初始界面

在左下角 Setting 的底部可以修改主题和语言，如图 7-4 所示。

Remix 官方提供了 Remix 文档来帮助用户更好地使用 Remix IDE。

进入网址链接后的页面如图 7-5 所示，可以选择中文翻译。

第 7 章　以太坊与智能合约

图 7-4　Remix IDE 设置

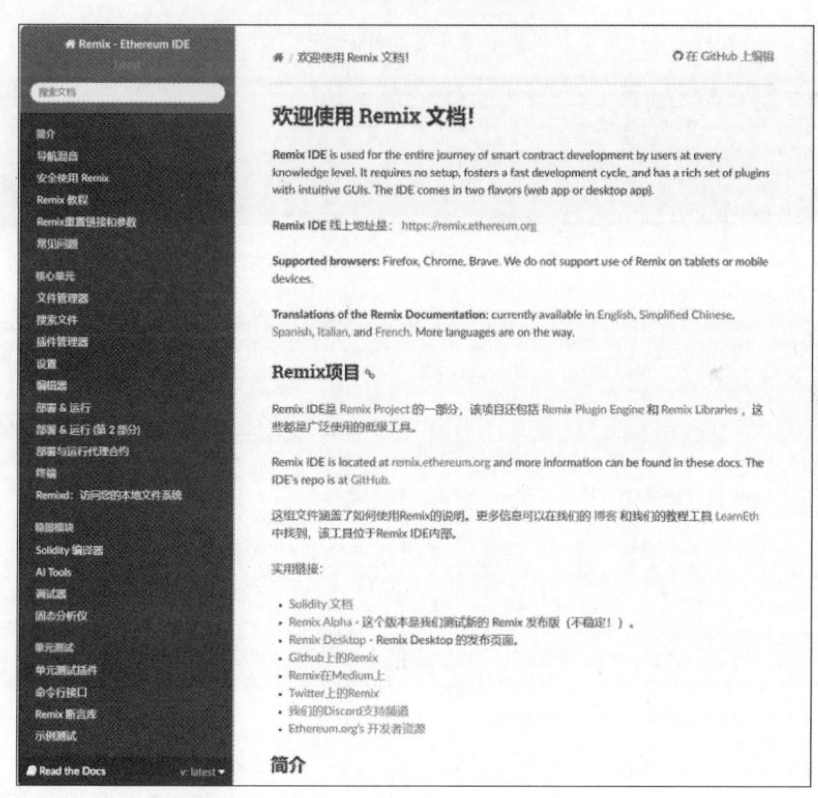

图 7-5　Remix 官方文档

7.8　以太坊智能合约开发

接下来本节将以开发一个简单智能合约为例,介绍一下 Remix IDE 的用法。

▶ 7.8.1 编写合约

打开 Remix IDE 页面,打开左边菜单栏中的 contracts 文件夹,创建 Example.sol 文件。创建智能合约如图 7-6 所示。

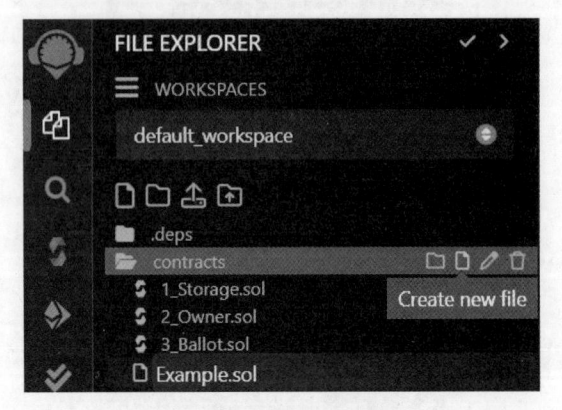

图 7-6 创建智能合约

将以下内容粘贴到 Example.sol 中。

```
// SPDX-License-Identifier: GPL-3.0
// SPDX 许可证标识符,用于指定代码使用的开源许可证类型。在这里,代码使用的是 GPL-3.0 许可证

// 指定 Solity 版本,这里为 0.8.2 及以上,但低于 0.9.0
pragma solidity >=0.8.2 <0.9.0;

/**
 * @title Example
 * @dev A smart contract example
 */
contract Example {

    // 存储合约名称
    string _name;

    // 定义了一个名为 ExampleCreated 的事件,该事件在合约创建时触发。事件包含两个参数:合约
    // 的部署者地址 deployer 和一条消息 msgText
    event ExampleCreated(address deployer, string msgText);

    // 定义了一个名为 CallerEvent 的事件,该事件在调用 showCaller 函数时触发,包含一个参数:
    // 调用者的地址 callerAddress
    event CallerEvent(address callerAddress);

    // 合约的构造函数,在合约部署时执行,初始化_name 变量为"ExampleContract"并触发 ExampleCreated
    // 事件。msg.sender 是 Solidity 中的一个全局变量,表示调用当前合约的地址。在部署合约时,
    // msg.sender 是合约部署者的地址。
    constructor () {
        _name = "ExampleContract";
        emit ExampleCreated(address(msg.sender),"A smart contract of Example is created!");
    }

    // showCaller 函数触发 CallerEvent 事件,记录调用该函数的地址,并返回调用者的地址。
    // msg.sender 表示调用 showCaller 函数的账户地址。
    function showCaller() public returns(address) {
        emit CallerEvent(address(msg.sender));
        return msg.sender;
```

```
    }
}
```

该段代码为 Solidity 编写的以太坊智能合约示例，主要功能如下：

（1）合约部署时初始化名称 _name 并触发 ExampleCreated 事件，发出消息"A smart contract of Example is created!"。

（2）提供一个 showCaller 函数，用于记录和返回调用者的地址，同时触发 CallerEvent 事件。

▶ 7.8.2　编译合约

打开 Remix IDE 的编译界面选择合适的配置项并对合约进行编译，如图 7-7 所示。

图 7-7　智能合约编译

编译完成后，单击左侧编译菜单的 Compilation Details，可以查看编译输出的各项细节内容，如原数据、字节码、ABI 和哈希等。智能合约编译输出如图 7-8 所示。

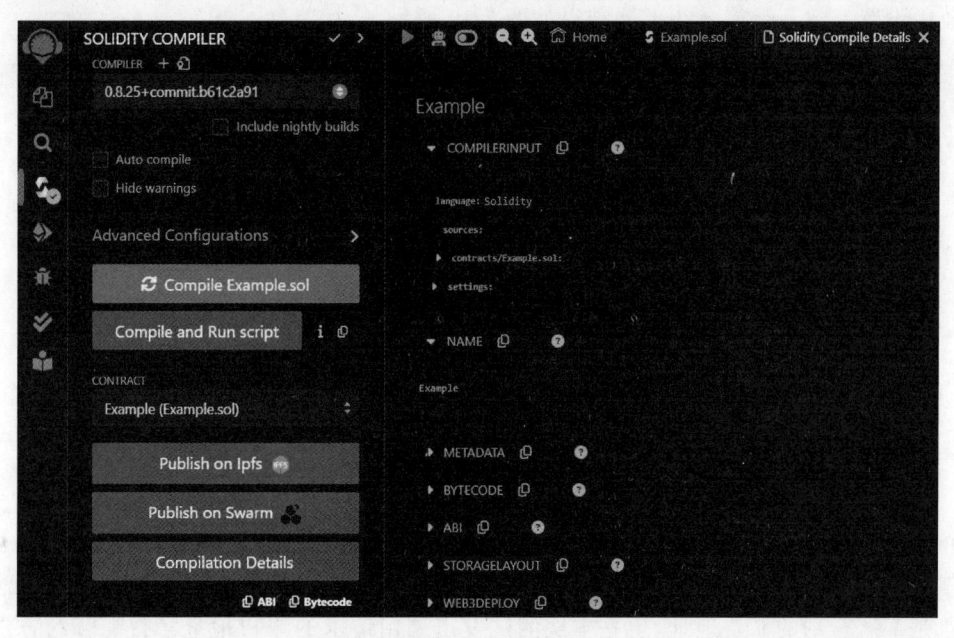

图 7-8　智能合约编译输出

▶ 7.8.3 部署合约

打开 Remix IDE 的部署界面连接到一个以太坊网络，本节选择了 Remix VM（Shanghai），Account 是执行合约部署操作的账户，选择默认。GAS LIMIT 是部署花费 Gas 的限制，Gas 是计价单位，部署合约最终花费是由花费的 Gas 数量和 Gas 价格共同相乘决定。VALUE 指明涉及转账操作的价值。CONTRACT 对应将要部署的合约，即 contracts/Example.sol。单击 Deploy 按钮即可完成部署操作。智能合约部署如图 7-9 所示。

图 7-9 智能合约部署

在控制台返回信息中，绿色√表明部署成功。左侧绿色框内容是合约部署成功后开放出来的方法，在这里可以直接调用方法查看结果，对合约进行测试验证。控制台返回的信息中，transaction hash 是交易哈希值，根据该值可以进一步查询交易细节，from 是部署账户地址，是在部署时设置的部署账户参数，log 是返回日志内容，这里面包括了合约部署触发的事件，可以明确看到，构造函数中触发的 DevExampleCreated 事件被触发，deployer 和 msgText 都与代码中设置一致。智能合约部署结果如图 7-10 所示。

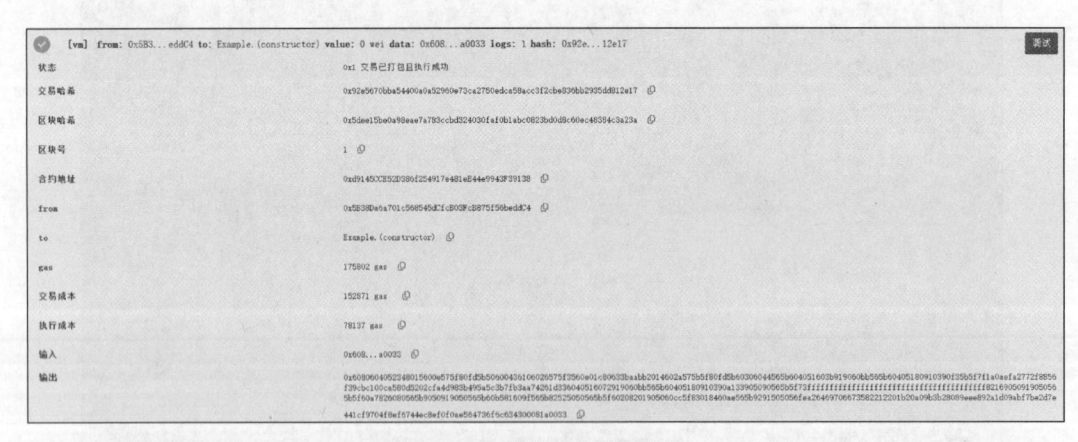

图 7-10 智能合约部署结果

单击左下角的 showCaller 按钮，查看调用合约后的返回结果，可以看到，调用 showCaller 方法触发了 CallerEvent 事件，同时方法也产生了 output，事件参数 callerAddress 和方法返回信息都是部署合约的账户地址，也是本次测试发出调用请求的账户地址。智能合约方法调用如图 7-11 所示。

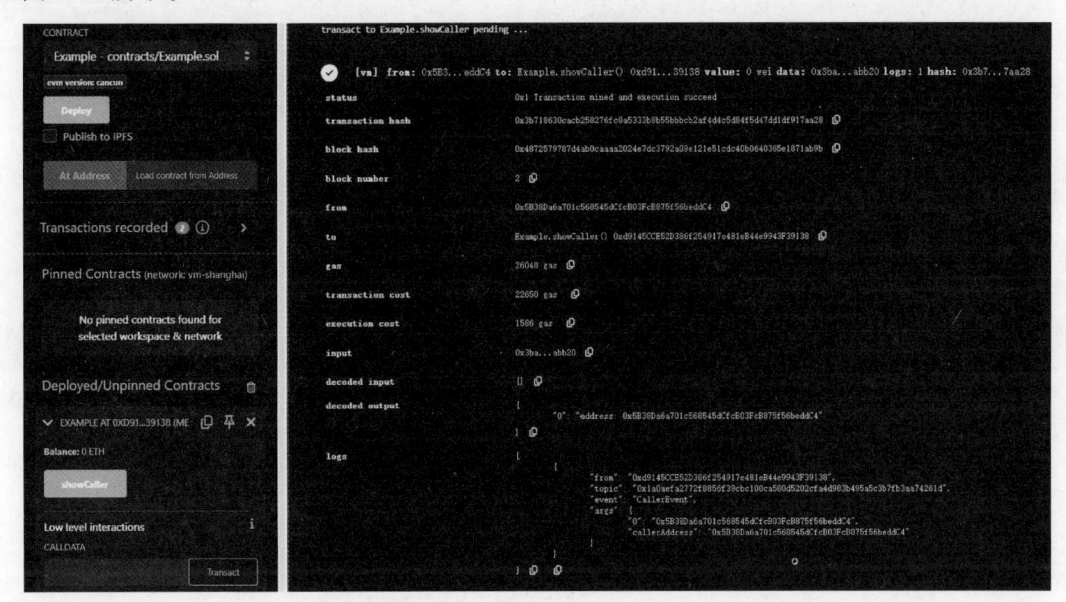

图 7-11　智能合约方法调用

7.9　思考题

1. 为什么智能合约与区块链高度契合？
2. 区块链中的智能合约起到了什么作用？
3. 智能合约如何在区块链上更新？
4. 以太坊智能合约的 Gas 有什么作用？
5. 尝试按文中示例使用 Remix IDE 编写自己的智能合约，可以尝试对 _name 的内容进行修改。

第二部分 区块链数据要素市场及典型案例

第 8 章　数据资源、数据资产与数据要素

8.1　基本概念与属性

　　随着信息技术的飞速发展,数据已经成为现代社会中不可或缺的一部分。在数字经济时代,数据资源、数据资产和数据要素的概念日益受到重视。这些概念不仅是数据管理的基础,也是企业实现数据价值最大化的关键。数据资源、数据资产和数据要素构成了现代数据管理和应用的基础。它们各自具有独特的定义、特征和应用场景,但共同的目标是通过有效的管理和利用,充分挖掘数据的潜在价值,推动企业和社会的发展。数据资源、数据资产和数据要素不仅是企业数字化战略的核心组成部分,也是推动经济和社会发展的重要引擎。通过科学的数据管理和应用,企业和社会能够实现资源的最优配置,提升运营效率,推动创新发展,最终实现经济效益和社会价值的双赢。有效的管理和利用数据资源,不仅可以带来显著的经济效益,还能够创造广泛的社会价值,推动经济和社会的全面发展。

　　总的来说,数据资源、数据资产和数据要素为现代企业提供了全面的数字支撑,通过有效的数据管理和深度应用,不仅提升了企业的运营效率,更推动了商业模式的创新。在未来的发展中,这三大数据概念将会在企业的数字化转型中扮演更加核心的角色,为经济和社会的创新发展提供源源不断的动力。

▶ 8.1.1　数据资源

1. 数据资源的定义

　　数据资源是指可以被识别、采集、加工、存储、管理和应用的原始数据及其衍生物,是组织运营和决策的基础。这些数据资源通过从各种渠道(如交易记录、用户行为、传感器数据等)获取原始数据来收集,并经过清洗和整理等初步处理,以确保数据的质量和可用性,从而支持进一步的分析和应用。数据资源是现代社会的核心资产,其在决策支持、创新发展、个性化服务、效率提升、社会价值创造、数据经济和竞争优势等方面发挥着关键作用。有效利用和管理数据资源不仅能带来显著的经济效益,还能创造广泛的社会价值,推动经济和社会的全面发展。

　　不同类型的数据资源需要相应的数据治理和管理策略,以确保数据的完整性、准确性和安全性。为了更好地管理数据资源,企业通常会构建数据湖或数据仓库,将各种类型的数据进行集中存储和管理,从而为数据分析、机器学习和人工智能等应用提供支持。此外,数据资源的管理涉及数据生命周期的各个环节,包括数据收集、存储、加工、共享和销毁。各环节的优化和高效衔接,有助于提升数据管理的整体效率和安全性。

　　在经济和社会层面,数据资源的价值体现在多个方面。通过对数据资源的有效利用,企业能够从数据中获得洞察力、优化业务流程、提升运营效率,并为用户提供更具针对性的个性化服务。例如,通过分析用户行为数据,企业可以预测客户需求、改进产品设计、优化客户体验,从而获得竞争优势。同时,政府机构也可以利用数据资源改善公共服务,提升城市管理和社会

治理水平。高质量的数据资源不仅支持经济的发展，还可以推动社会价值的创造和技术创新的发展。

在未来，随着数据量的持续增长和数据处理技术的不断进步，数据资源的应用领域将更加广泛。有效的管理和利用数据资源将成为企业和社会数字化转型的关键一环，为实现经济和社会的双重效益提供强大支撑。

2. 数据资源的类型和来源

数据资源可以来自多种渠道，包括交易记录、用户行为、传感器数据等。根据来源和用途的不同，数据资源可以分为内部数据和外部数据。内部数据包括企业自身产生的业务数据，如销售记录、库存数据、财务数据、客户关系管理（CRM）数据等，这些数据通常由企业内部系统生成和管理，具有较高的准确性和相关性。外部数据则来自外部环境，如市场调查数据、社交媒体数据、公共数据和第三方数据服务商提供的数据。外部数据可以为企业提供市场趋势、竞争情报和客户偏好等方面的有价值信息。

随着物联网（IoT）技术的发展，来自传感器的数据成为重要的数据资源。这些数据包括工业传感器数据、环境监测数据、智能家居数据等，广泛应用于制造、物流、农业、城市管理等领域。交易数据包括电子商务交易记录、金融交易记录等，这些数据能够反映市场活动和消费者行为，帮助企业进行市场分析和客户洞察。数据资源还可以根据其生成的频率和实时性来分类。实时数据是指能够即时获取和处理的数据，如在线交易数据、实时监控数据等；历史数据是指过去积累的数据，如历史销售数据、过往市场分析报告等。

数据资源包括结构化数据、半结构化数据以及非结构化数据。结构化数据的显著特点是具有清晰的格式和字段，这使得其存储、查询和分析较为便捷。例如，企业的客户关系管理（CRM）系统中的表格数据记录了客户的基本信息、购买记录和偏好数据，便于精准的客户分析和营销策略的制定。非结构化数据则没有固定格式，通常以自然语言、图片、音频和视频等形式存在，这使得其管理和分析更具挑战性。举例来说，社交媒体上的评论、用户上传的图片和视频监控录像等都是非结构化数据的典型代表。这类数据资源通过自然语言处理（NLP）、图像识别和语音识别等技术，能够提取出有价值的信息，助力个性化服务和精准营销。半结构化数据则介于两者之间，常见于 XML、JSON 文件或网页数据中。这类数据有一定的格式，包含标签或标记，可以存储特定的属性信息，但缺乏完全的表格化结构。处理这类数据时，数据工程师常用编程语言或工具将其转化为可供分析的格式。

3. 数据资源的采集和管理

数据资源的采集过程涉及多种技术和方法，包括自动化数据抓取、传感器数据采集、人工数据录入等。管理数据资源需要合适的技术和政策，以确保数据质量、安全性和可用性。有效的数据治理政策是确保数据资源质量和安全的基础，涵盖了数据收集、存储、使用和分享的规则和标准。

数据采集技术包括网络爬虫技术、API 数据接口、传感器网络、物联网设备等。这些技术能够高效地采集大量数据，确保数据的及时性和完整性。在数据采集之后，需要对数据进行清洗和处理，去除噪声数据和冗余信息，确保数据的准确性和一致性。这一步通常涉及数据格式转换、缺失值处理、重复数据删除等操作。采用先进的数据管理系统，如关系型数据库管理系统（RDBMS）、数据仓库、大数据平台（如 Hadoop 和 Spark）等，确保数据的安全性、可用性和扩展性。这些系统提供强大的存储和检索功能，支持海量数据的管理和分析。

数据治理包括数据质量管理、数据安全管理和数据隐私保护等方面。数据质量管理确保数据的准确性、完整性和一致性；数据安全管理保护数据免受未经授权的访问和泄露；数据隐私保护确保个人数据在采集和使用过程中的合法性和合规性。建立明确的数据使用和分享政策，规范数据的访问权限和使用范围，促进数据在组织内部和外部的共享与合作。同时，采用数据加密、访问控制等技术措施，保障数据在传输和使用过程中的安全性。

在数据采集和管理过程中，数据资源的分类和标准化同样至关重要。分类明确的数据有助于不同部门和系统对数据的理解与应用，而标准化的数据格式则可以确保数据在多种平台和应用之间的兼容性和可移植性。数据分类通常按照其来源、类型、结构等维度进行。例如，结构化数据主要来源于数据库系统，具有固定格式；而非结构化数据则包括文档、音视频等复杂格式。

此外，数据的生命周期管理（Data Lifecycle Management，DLM）也是数据治理的重要组成部分。数据的生命周期包括创建、存储、使用、归档、删除等阶段。在各个阶段中，数据管理人员需要依据数据的重要性和使用频率，合理安排数据的存储位置和访问权限，以提高数据管理的效率和成本效益。

在数据分析和挖掘方面，数据治理不仅仅停留在对数据的存储和管理上，更涉及如何利用数据来支持决策和提升业务价值。数据挖掘技术（如聚类分析、分类、关联分析等）可以从大规模数据集中提取有价值的信息，辅助管理层做出更加科学的决策。此外，机器学习和人工智能技术的引入，使得数据分析能够实现高度自动化和智能化，从而推动数据驱动型的业务转型。

数据的开放与共享也是一个重要议题。通过数据共享，企业可以与外部合作伙伴共同挖掘数据的潜力，但这也要求在共享数据时保持对数据隐私和安全的高度关注。采用数据脱敏、匿名化处理等技术，可以在保护敏感信息的同时，实现数据的安全共享。

在大数据和 AI 的浪潮中，数据资源作为企业的重要资产，只有在高效的采集、管理、分析和保护下，才能充分发挥其潜力，为企业的创新和可持续发展提供源源不断的驱动力。通过有效的采集和管理，数据资源能够被充分利用，为企业的决策支持、业务优化和创新发展提供坚实的基础。在大数据时代，数据资源的价值日益凸显，成为企业和社会发展的重要驱动力。

▶ 8.1.2 数据资产

1. 数据资产的定义和特征

数据资产是指组织所拥有或控制的具有明确业务价值的数据。这些数据通过分析和管理，被赋予特定的价值，例如通过市场分析、客户洞察或运营效率改进。数据资产需要合适的技术和政策来保证其质量、安全性和可用性，以确保其能够为组织带来持续的经济效益。数据资产属于数据资源，但数据资源不一定是数据资产。只有具有可控性、可量化、可变现的数据资源才能变成数据资产。数据资产如图 8-1 所示。

在现代商业中，数据资产至关重要。它们支持决策制定、提升运营效率、推动创新、增强客户体验、提供竞争优势、帮助管理风险和合规性、支持战略规划，并创造新的价值。有效管理和利用数据资产可以最大化其潜在收益，推动企业发展和创新。数据资产具有明确的经济价值，通过分析和挖掘，可以为企业带来直接的经济收益。例如，通过

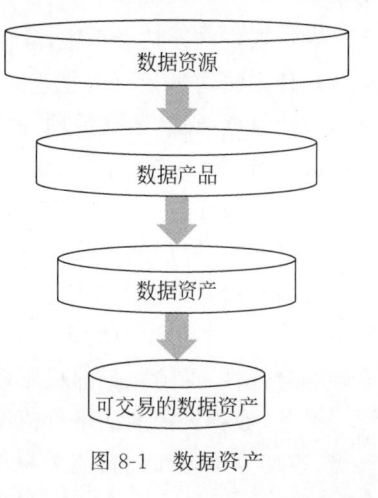

图 8-1　数据资产

分析客户数据进行精准营销,可以提高销售转化率;通过优化供应链数据,可以降低库存成本,提高运营效率。数据资产需要通过科学的管理方法和技术手段进行管理,包括数据的采集、清洗、存储、保护和使用等环节,确保数据的完整性、一致性和可靠性。

每个组织的数据资产都是独特的,反映了其独特的业务流程、客户关系和市场环境。这种独特性使得数据资产成为企业竞争优势的重要来源。数据资产的价值可以通过不断分析和利用而增加。通过应用高级分析技术、机器学习和人工智能,可以从数据中发现新的商业机会,提升业务绩效。

数据资产涉及大量的敏感信息,包括个人数据和商业机密,因此确保数据的安全性和隐私性至关重要。组织需要实施严格的数据保护措施,遵循相关法律法规,防止数据泄露和滥用。数据资产的价值不仅限于内部使用,通过与外部伙伴的合作和数据共享,可以实现更大的价值创造。例如,供应链上的企业可以共享库存和销售数据,优化整个供应链的效率和响应速度。有效的数据治理是数据资产管理的基础。数据治理包括数据的标准化、数据质量管理、数据安全和隐私保护等方面。良好的数据治理可以确保数据资产在使用过程中的规范性和合法性。数据资产有其生命周期,从数据的生成、存储、使用到最终的归档和销毁。对数据资产进行全生命周期的管理,能够最大程度地发挥其价值,避免资源浪费和安全风险。

数据资产不仅仅是静态的数据集合,它们通过不断更新和优化,能够动态地反映市场和业务的变化。企业应建立健全的数据资产管理体系,定期评估数据资产的价值,确保其在不同阶段都能为企业创造最大的经济效益和社会价值。通过系统化的管理和战略性利用,数据资产可以成为企业在数字化转型和智能化运营中的核心竞争力。企业需要不断提升数据管理能力,创新数据应用场景,确保数据资产在激烈的市场竞争中发挥更大的作用,实现可持续发展。

2. 数据资产的评估方法

评估数据资产的方法包括财务评估和非财务评估。财务评估关注数据资产的直接经济收益,如通过市场分析或客户洞察带来的利润提升。这可以通过计算数据资产为企业带来的新增收入、成本节约和投资回报率等指标来实现。此外,数据资产还可以通过增值业务、提升销售转化率和客户保留率等方式,直接反映在财务报表上。非财务评估则关注数据资产在决策支持、运营效率和战略规划中的价值。通过衡量数据在优化业务流程、提升客户满意度、提高运营效率和促进创新方面的贡献,企业可以更全面地了解数据资产的潜在价值。非财务评估还包括对数据质量、数据覆盖范围和数据及时性的评估,这些因素对企业的长远发展具有重要影响。

在数据资产评估过程中,除了财务和非财务评估外,还可以采用数据资产成熟度评估的方法。这种方法通过分析企业数据管理的成熟度,评估数据资产的使用效益。数据成熟度模型通常包括数据质量、数据治理、数据安全、数据分析能力等多个维度,通过评估每个维度的成熟度等级(如初始、管理、定义、优化等),企业可以清晰地了解自身数据资产管理的现状,并制定相应的改进策略。

同时,数据资产的风险评估也是不可忽视的一部分。数据风险评估关注数据的安全性、隐私合规性和潜在的业务中断风险,尤其是在数据泄露或滥用的情况下对企业可能带来的负面影响。风险评估可以帮助企业识别和控制数据管理中的关键风险点,从而提高数据资产的安全性和合规性,保障数据的稳定性和可持续性。

此外,数据资产的战略价值评估也是一个重要的维度。这包括评估数据资产在企业战略转型、市场竞争力和创新能力提升中的作用。例如,企业可通过数据资产更好地理解客户需求、预测市场趋势,制定更符合市场需求的产品和服务,从而在激烈的市场竞争中保持优势。

在财务评估之外,非财务评估还可以进一步细分,如对数据驱动的创新成果、数据资产对业务创新项目的贡献等进行详细的量化评估。通过分析数据资产在业务创新中的表现,企业可以更准确地认识数据对战略发展的支持作用,进一步推动数据在企业内部的深入应用。

总之,数据资产评估不仅仅是一项单一的财务衡量,更是一种全面的价值评估方法。通过结合财务、非财务、成熟度、风险和战略价值评估,企业能够建立更加全面、客观的评估体系,为数据资产的高效管理和长期投资提供有力支持。

3. 数据资产管理实践

数据资产管理需要一系列实践,包括数据治理、数据安全、数据质量管理和数据生命周期管理。数据治理确保数据的高质量和合规使用,通过制定数据标准和规范、建立数据管理政策和流程,来保证数据的准确性、一致性和完整性。有效的数据治理还包括数据资产的分类和标识、数据权限管理以及数据使用审计等。数据安全保护数据免受未经授权的访问和泄露,通过采用加密技术、访问控制和安全监控等措施,确保数据在存储、传输和使用过程中的安全性。数据质量管理提升数据的准确性和可靠性,通过定期的数据清洗、数据校验和数据一致性检查,来维护数据的高质量。这一过程还包括识别和纠正数据中的错误、不一致和重复记录。数据生命周期管理覆盖从数据创建到数据销毁的整个过程,包括数据采集、存储、使用、归档和销毁等阶段。有效的生命周期管理不仅能够延长数据的使用寿命,还能确保数据在整个生命周期中的安全性和合规性。

此外,数据资产管理实践还包括数据架构的设计与优化、数据集成和数据共享。数据架构的设计与优化涉及数据存储和处理平台的选择、数据模型的设计以及数据流的管理。数据集成则关注如何将来自不同来源的数据整合在一起,以提供全面的业务洞见。数据共享则需要建立信任机制和数据交换协议,以实现跨部门、跨组织的数据协作,最大化数据的应用价值。

数据资产管理还涉及数据主权和数据责任的明确划分。在组织内部,数据主权确保各部门对所管理的数据拥有明确的责任和权限,从而减少数据管理的重叠与冲突。通过制定清晰的职责划分和管理权限,确保每个部门或团队对其数据负责,包括数据的维护、更新和质量控制。这种分配可以通过数据主权矩阵、数据责任分配表等工具来实现,有助于理顺数据管理流程,提升管理效率。

同时,数据资产的价值评估和持续改进机制是数据管理的重要组成部分。企业可以通过定期评估数据资产的价值,分析其对业务的贡献,以便及时调整数据管理策略,提升数据的使用价值。引入持续改进机制,可以不断优化数据治理、数据质量和数据安全策略,使数据管理实践与企业发展需求同步提升。

为了实现数据管理的全面性和高效性,企业往往会采用智能数据管理工具和平台,这些平台整合了数据治理、数据安全、数据质量管理、数据集成等功能,提供了自动化和智能化的数据管理手段。通过这些平台,企业可以实现对数据资产的集中管理、实时监控和动态调整,提高数据管理效率的同时,也能迅速应对不断变化的业务需求和合规要求。

最后,数据资产管理应建立数据文化和数据意识,提升员工对数据重要性的认识,鼓励数据驱动的决策和创新。通过数据文化的建设和员工培训,培养全员的数据意识,使员工在日常工作中能够更加注重数据的质量、安全和合规,从而形成企业的数据文化,进一步增强数据资产的应用价值。

8.1.3 数据要素

1. 数据要素的定义

数据要素是指参与到社会生产经营活动中,为所有者或使用者带来经济效益的数据资源。它强调了数据在促进生产价值方面的作用,类似于传统的生产要素如土地、劳动、资本和技术。数据要素包括原始数据、衍生数据、数据模型、数据产品和服务等,这些资源经过汇聚、整理、加工,投入生产和服务过程中,作为生产性资源创造经济价值。因此,数据要素在数字经济背景下,特别是在生产力和生产关系的讨论中,指的是通过特定生产需求汇聚、整理、加工而成的计算机数据及其衍生形态,涵盖从原始数据集、标准化数据集到各种数据产品及以数据为基础产生的系统、信息和知识,充分展现了数据对生产和服务提供的增值能力。数据要素如图8-2所示。

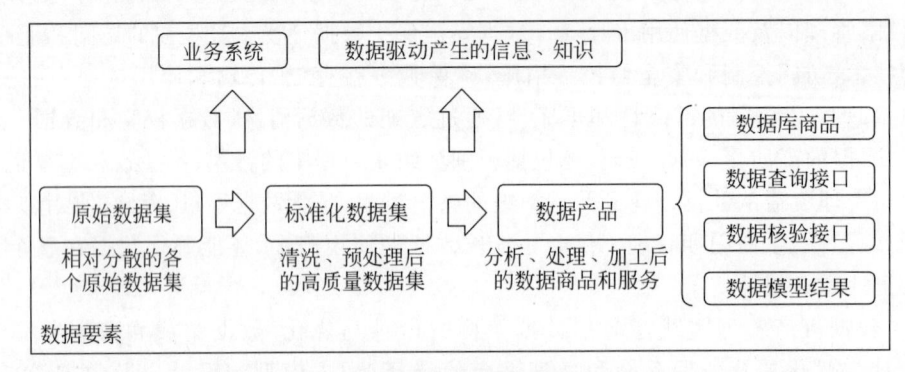

图8-2 数据要素

数据要素在现代经济中具有至关重要的地位,它不仅能够通过精细化分析和决策优化提升生产效率和竞争力,还可以通过创新驱动和价值增值推动产业升级和社会进步。作为与土地、劳动、资本、技术等并列的生产要素,数据要素的独特特性和广泛应用,使其成为数字经济时代实现经济增长和可持续发展的关键驱动力。数据要素的应用还延伸到智慧城市的建设,通过数据的收集与分析,城市可以实现智能交通管理、智能电网调度和公共安全监控,从而提升城市的运行效率和居民的生活质量。

2. 数据要素的核心属性

数据要素是构成数据集的基本单位,其核心属性包括唯一性、原子性和定义清晰性。唯一性确保每个数据要素在其数据集内是独一无二的,避免了数据的重复和混淆;原子性指的是数据要素的不可分割性,它是数据分析和处理的最小单位;定义清晰性意味着每个数据要素都有明确的定义和解释,便于理解和使用。这些属性使得数据要素能够被系统准确识别、处理和分析,从而为大数据应用提供坚实的基础。

此外,数据要素的核心属性还包括时效性、完整性和可追溯性。时效性指数据要素的有效时间范围,即数据的生成和应用是否符合当前的业务需求和实际情况。高时效性的数据更能反映真实状态,提供准确的决策支持。完整性则强调数据要素在描述某一实体或事件时的全面性,确保数据包含所有必要的信息,从而提升数据分析和应用的准确度。可追溯性指的是数据要素在整个生命周期中的可追踪性,确保能够记录并追踪数据的来源、变更和使用情况。这一属性对于数据质量控制、合规性审核以及异常数据的识别和解决尤为重要。

可扩展性也是数据要素的重要属性之一。它决定了数据要素在增加数据量或新数据类型时的适应能力。良好的可扩展性使得数据要素可以随着业务的发展进行扩展和更新,而不会影响系统的整体性能。此外,数据要素的标准化属性决定了其在不同系统、平台或组织之间的通用性和一致性。标准化的数据要素遵循行业或组织的通用标准,有助于数据共享、数据集成以及跨部门协作。

数据要素的这些属性决定了数据的类型、结构、格式、单位和精度等基本特征,确保数据在不同系统和应用之间的互操作性和一致性。

3. 数据要素的应用场景

数据要素在多个领域中发挥重要作用,如智能制造、智慧农业、交通运输、金融服务、医疗健康、应急管理和公共安全、智慧城市建设、文化旅游、教育等。在智能制造领域,数据要素通过设备和生产线的数据采集与分析,实现了生产过程的优化和智能化;在智慧农业中,数据要素通过土壤、气象和作物生长数据的综合分析,提高了农业生产的精细化管理水平;在交通运输领域,通过数据要素的实时分析,可以优化交通流量,减少拥堵,提高运输效率;在金融服务中,数据要素通过对客户行为和市场趋势的分析,帮助金融机构进行风险评估和精准营销;在医疗健康领域,通过对患者数据的综合分析,医生可以提供更加精准的诊疗方案,提高医疗服务的质量和效率。

在应急管理和公共安全领域,数据要素同样具有重要应用价值。通过实时采集和分析地理、气象、监控视频、人口流动等数据,政府和相关机构可以在自然灾害或突发事件发生时快速响应,精准定位受灾区域和人群分布,优化救援资源配置,提高应急响应效率和救援效果。此外,在智慧城市建设中,数据要素推动了城市管理的精细化和智能化。通过对城市基础设施、能源消耗、环境污染等数据的分析,可以实现对水、电、交通等资源的智能调配,提升城市的运行效率和居民生活质量。

在文化旅游行业,数据要素支持了旅游资源的智能管理与营销。通过游客行为数据、消费偏好和景区人流量等数据的分析,旅游管理部门可以精准预测旅游需求,优化旅游路线、提升服务质量,进而促进文旅产业的健康发展。

在教育领域,数据要素有助于个性化学习和教学质量的提升。通过对学生学习行为、知识掌握情况和个性化需求的数据分析,教育机构可以提供定制化的学习方案和辅导资源,帮助学生提高学习效率和效果。这种数据驱动的教学模式也能为教育管理者提供决策支持,优化教育资源的配置和教学方法的改进。

这些应用展示了数据要素在提升服务质量和效率、改善公众生活体验方面的巨大潜力。随着技术的进步和数据资源的不断丰富,数据要素的应用场景将不断拓展和深化,为各行业的数字化转型和智能化发展提供强大支撑。

4. 数据要素对企业价值的提升

数据要素通过支持决策和优化业务流程,显著提升企业价值。在产品开发、市场策略和客户服务等方面,数据要素提供了关键的支持。例如,通过数据要素的分析,企业可以更准确地预测市场需求,优化供应链管理并提升客户满意度。在产品开发阶段,数据要素可以帮助企业了解客户需求和市场趋势,从而设计出更符合市场需求的产品;在市场策略方面,通过数据分析,可以精准定位目标客户群,制定更加有效的营销策略;在客户服务领域,通过对客户数据的分析,可以提供个性化的服务和体验,提升客户满意度和忠诚度。

此外,数据要素的价值提升还体现在增强企业的战略灵活性和创新能力上。企业通过分析数据要素,可以快速识别市场变化和客户需求的动态,从而做出及时的战略调整。例如,当市场趋势发生变化时，企业能够通过实时数据分析，迅速调整产品线、营销策略或客户服务方案，以保持市场竞争力和客户满意度。这种灵活性使得企业能够更好地应对不确定性，降低风险，提高抗压能力。

同时，数据要素在推动企业创新方面也发挥了重要作用。通过深入挖掘数据中的潜在信息，企业能够发现新的商业机会，创造新的业务模式。例如，数据分析可以揭示用户的潜在需求，指导企业开发创新产品或服务，提升市场竞争力。此外，企业可以利用数据要素进行行业分析，了解竞争对手的动态，优化自身的战略决策。

在数据要素的驱动下，企业还能够提升内部协作和信息共享的效率。通过建立统一的数据平台，企业可以打破部门之间的信息孤岛，实现跨部门的数据共享与协作。这不仅提高了业务流程的透明度，还促进了各部门之间的沟通与合作，从而提升了整体运营效率。

尽管应用前景广阔，但数据要素在实际操作中也面临诸多挑战，如数据质量、隐私保护和技术壁垒等。高质量的数据是数据要素发挥作用的前提，因此，企业需要建立有效的数据质量管理机制，确保数据的准确性和可靠性；数据隐私保护是数据要素应用的基础，企业需要遵守相关法律法规，采取必要的技术措施，保护用户的隐私和数据安全；技术壁垒则要求企业不断提升技术能力，引进先进的分析工具和技术，推动数据要素的深度应用。通过克服这些挑战，企业可以充分发挥数据要素的价值，提升自身的市场竞争力和创新能力，实现可持续发展。数据要素作为数字经济时代的重要资源，必将在未来的发展中扮演越来越重要的角色。

8.2 数据要素市场

8.2.1 什么是数据要素市场

数据要素市场是指数据作为一种生产要素，通过市场机制进行交易和流通，以实现数据价值最大化的经济活动。它包括数据的生产、收集、存储、分析、交换、共享和应用等环节。在数据要素市场中，数据不仅是一种信息资源，更是一种具有经济价值的资产。数据要素市场的建立和发展，可以促进数据资源的优化配置，推动数据驱动的创新和经济增长。

数据要素市场的核心在于通过市场化手段促进数据资源的合理流动和高效配置。数据作为新的生产要素，与土地、劳动、资本、技术等传统生产要素不同，具有高复制性、高共享性和高价值增值潜力。通过数据要素市场，数据能够更加灵活、高效地被利用，释放出巨大的经济价值和社会价值。

数据要素市场由多个组成部分构成，包括数据的生产者、收集者、存储提供者、分析者、交易平台、数据使用者和监管机构。数据生产和收集需要多种技术手段，如传感器、网络抓取、用户输入和系统生成。存储和管理数据的技术包括数据库、数据仓库和云存储。分析阶段利用数据挖掘、机器学习和人工智能等技术手段提取有价值的信息和知识。最后，这些信息和知识通过市场机制进行交换和共享，形成数据产品和服务，实现数据的增值和价值最大化。

数据要素市场的运作机制包括供需机制、价格机制和竞争机制。在供需机制下，数据供给者和需求者通过市场进行交易，数据供需关系决定了数据的价格。价格机制反映了数据的市场价值，交易双方通过价格谈判达成一致。竞争机制促进了数据产品和服务的创新，市场参与者通过竞争提升数据质量和服务水平，从而推动数据要素市场的健康发展。

8.2.2 数据要素相关政策解读

近年来,我国出台了多项政策支持和规范数据要素市场的发展。这些政策主要集中在以下几方面：数据治理、数据开放与共享、数据交易和流通、数据资产评估。

在数据治理方面,包括数据的采集、存储、处理、使用和销毁的全过程管理。国家出台了《中华人民共和国数据安全法》(以下简称《数据安全法》)和《中华人民共和国个人信息保护法》(以下简称《个人信息保护法》),以保障数据安全和个人隐私。《数据安全法》明确了数据安全的基本要求,规定了数据的分类保护和风险评估机制,确保数据在采集、存储和使用过程中的安全性。它要求各类企业和组织对数据进行严格管理,特别是对涉及国家安全、公共利益和个人隐私的数据采取更严格的保护措施。《个人信息保护法》则对个人信息的收集和使用进行了严格规定,要求数据处理者在处理个人信息时应当遵循合法、正当和必要的原则,保护个人隐私权。这些法律的出台,使得数据处理活动更加规范,有助于建立公众对数据要素市场的信任。

在数据开放与共享方面,政府鼓励公共数据的开放与共享,以促进社会创新和公共服务的提升。例如,《政府数据开放条例》鼓励各级政府部门开放公共数据。政府通过开放公共数据资源,推动数据的社会化应用和创新,为企业和社会带来更大的价值。例如,政府开放交通、医疗、环境等领域的数据资源,可以促进这些领域的创新应用和服务提升。

在数据交易和流通方面,国家支持数据交易平台的发展,规范数据交易行为。制定了《数据交易管理办法》,明确数据交易的基本原则和操作规范,确保数据交易的合法性和安全性。这些政策推动了数据交易平台的发展和数据交易市场的活跃。例如,各地纷纷成立的大数据交易中心,如北京国际大数据交易所、上海数据交易中心等,正在探索数据要素及其衍生产品的交易模式,通过规范的数据交易流程和机制,提升数据交易的透明度和安全性。

在数据资产评估方面,建立数据资产评估体系,制定了《数据资产评估指南》,帮助企业科学评估数据资产价值,为数据交易提供依据。数据资产评估是数据要素市场的重要环节,通过科学的评估方法和标准,可以准确衡量数据的经济价值,促进数据资源的合理流动和利用。这一体系的建立,有助于提高数据交易的效率和数据资产的管理水平。

随着全球数字经济的发展,数据的跨境流动变得越来越频繁和重要。通过制定专门的管理办法,国家可以有效规范跨境数据流动行为,确保数据在跨境流动过程中的安全性和合规性,促进国际的数据合作和共享。

为了进一步推动数据要素市场的发展,国家和地方政府还在不断出台新的政策和指导意见。例如,近期发布的《数字经济发展规划》提出,要加快数据要素市场建设,推动数据要素市场的健康发展。这些政策和规划为数据要素市场的发展提供了强有力的支持和保障。

通过这些政策的支持和规范,数据要素市场的建设和发展得到了有力的推动。未来,随着政策体系的不断完善和落实,数据要素市场将进一步规范和发展,数据资源的价值将得到更大程度的释放,为经济社会发展注入新的动力。

8.2.3 数据要素相关法律法规支撑

数据要素市场的健康发展离不开完善的法律法规体系的支撑。主要包括以下几方面：数据安全和隐私保护、知识产权保护、数据确权和流通、数据跨境流动。

在数据安全和隐私保护方面,通过《数据安全法》和《个人信息保护法》为数据要素市场提供法律保障,确保数据在流通过程中的安全和隐私保护。《数据安全法》要求对数据进行分类分级保护,并建立数据安全管理制度,进行风险评估和监测,确保数据在采集、存储、处理、传输和销毁过程中的安全。《个人信息保护法》则进一步加强了对个人信息的保护,明确了个人信息处理的原则、处理者的义务和个人的权利,并规定了严格的法律责任,保障个人隐私不被侵犯。

在知识产权保护方面,明确数据作为知识产权的法律地位,保护数据持有者的合法权益,防止数据盗窃和滥用。《知识产权法》及相关法规对于数据产品的开发、使用和交易提供了法律依据,确保数据持有者和使用者的权益得到保护。通过加强知识产权保护,可以激励创新,促进数据产品和服务的开发和应用。

相关法律法规和政策文件已经为数据确权提供了明确的指导。例如,《中华人民共和国民法典》《中华人民共和国网络安全法》《数据安全法》《个人信息保护法》等法律法规为数据确权提供了基础法律依据。此外,《中共中央国务院关于构建数据基础制度更好发挥数据要素作用的意见》("数据二十条")明确提出建立公共数据、企业数据、个人数据的分类分级确权授权制度。这些法律法规和政策文件共同构成了数据确权的法律框架,为数据交易的合法性和合规性提供了保障。

在数据跨境流动方面,《促进和规范数据跨境流动规定》已于 2024 年 3 月 22 日公布并施行。该规定明确了数据跨境流动的条件、安全评估要求以及相关豁免情形,旨在保障数据安全,保护个人信息权益,促进数据依法有序自由流动。此外,《数据出境安全评估办法》和《个人信息出境标准合同办法》也分别从数据出境安全评估和个人信息出境合同备案等方面,为数据跨境流动提供了具体的操作指引。这些法律法规的实施,确保了跨境数据流动的安全性和合规性,为国际数据合作和全球数字经济发展提供了重要保障。

此外,《中华人民共和国反垄断法》和《中华人民共和国消费者权益保护法》在数据要素市场中也发挥着重要作用。《反垄断法》旨在防止市场垄断行为,维护公平竞争,确保数据市场的健康发展。《消费者权益保护法》则保护消费者在数据交易和使用过程中的合法权益,确保消费者的知情权和选择权,防止数据滥用和侵犯消费者权益。

这些法律法规不仅为数据要素市场的发展提供了法律保障,也为市场参与者提供了行为规范和操作指南。例如,《促进和规范数据跨境流动规定》明确了数据跨境流动的基本原则和条件,为数据的国际流通提供了依据。政府和立法机构应根据数据要素市场的发展需求,不断修订和完善相关法律法规,确保法律体系与市场发展相适应,为数据要素市场的健康发展提供坚实的法律基础。市场参与者应积极遵守法律法规,依法开展数据生产、交易和使用活动,推动数据要素市场的规范和可持续发展。通过这些法律法规的支撑,数据要素市场的发展将更加规范和有序,数据资源的价值将得到更大程度的释放,为经济社会发展注入新的动力。

8.2.4 数据要素市场发展现状

当前,我国数据要素市场处于快速发展阶段,主要体现在以下几方面:市场规模不断扩大,根据亿欧智库的研究报告,2023 年我国数据要素市场规模达 1273 亿元,到 2025 年将突破 1990 亿元,年复合增长率可达 25%。数据交易平台涌现,各地纷纷成立大数据交易中心,探索数据要素及其衍生产品的交易模式。例如,北京国际大数据交易所、上海数据交易中心等。数据应用场景丰富,数据要素广泛应用于金融、医疗、交通、教育等领域,推动了这些行业的数字化转型和创新发展。技术支撑不断增强,大数据、人工智能、区块链等技术的发展,为数据要素市场提供了强有力的技术支撑,提升了数据处理和交易的效率和安全性。中国数据要素市场规模如图 8-3 所示。

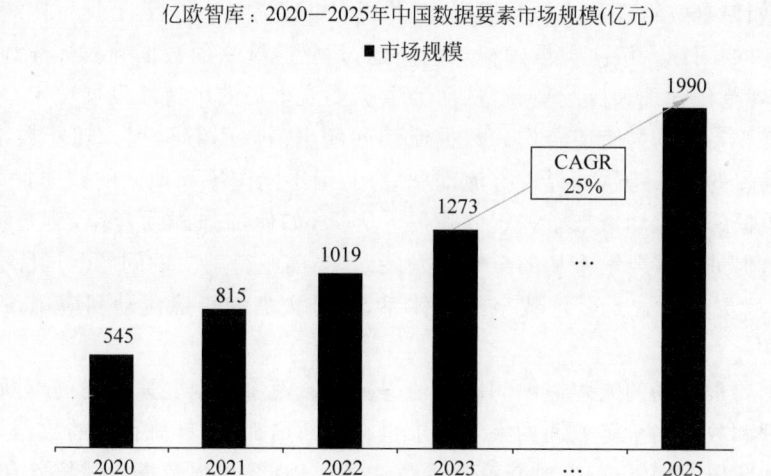

亿欧智库:2020—2025年中国数据要素市场规模(亿元)
■ 市场规模

年份	市场规模
2020	545
2021	815
2022	1019
2023	1273
2025	1990

CAGR 25%

图 8-3 中国数据要素市场规模

随着我国数据要素市场的快速发展,一些新的趋势和特点也逐渐显现出来。首先,数据要素市场呈现出跨界融合的特点,不同行业之间的数据交叉应用日益增多。例如,金融领域的风险控制和客户管理也开始借鉴医疗领域的精准医疗模式,通过分析客户数据来实现个性化金融服务;同时,医疗领域的健康管理也逐渐引入了智能交通数据,实现了对患者出行路径的智能化分析和推荐。这种跨界融合的趋势将进一步推动不同行业之间的创新合作,促进产业间的良性互动和发展。

其次,数据要素市场的国际化程度不断提升。随着我国在大数据、人工智能等领域的技术积累和创新能力不断增强,我国的数据要素市场已经成为国际竞争中的重要力量。越来越多的国际企业和机构开始关注和参与我国数据要素市场的发展,一些国际性的数据交易平台也开始进入中国市场,促进了我国数据要素市场与国际市场的融合与互动。同时,我国企业和机构也积极参与到国际数据要素市场的竞争和合作中,推动了我国数据要素产业的全球化发展。

最后,数据要素市场的监管和标准化逐步完善。随着数据要素市场的快速发展,相关监管政策和标准体系也在不断完善和落实。政府部门加大了对数据安全和隐私保护的监管力度,出台了一系列法律法规和标准规范,规范了数据交易和使用行为,保障了数据主体的合法权益。同时,行业组织和标准化机构也积极参与到数据要素市场的规范建设中,制定了一系列行业标准和规范,促进了数据要素市场的健康有序发展。这些举措将进一步提升数据要素市场的透明度和规范化水平,增强市场的信心和竞争力。

▶ 8.2.5 数据要素市场发展的挑战与机遇

尽管数据要素市场发展潜力巨大,但在实际执行中面临诸多挑战,如数据确权难、数据质量参差不齐、数据安全和隐私保护以及法律法规不完善等问题。数据确权难在于数据的多来源、多形式使得确权复杂,缺乏统一的确权标准和方法。数据质量参差不齐,数据的完整性、准确性和时效性不易保证,影响数据的价值和应用效果。在数据流通和交易过程中,如何确保数据的安全性和隐私保护是重要难题。现有的法律法规体系仍需不断完善,以适应数据要素市场快速发展的需求。

首先，数据要素市场的可持续发展问题值得关注。随着数据要素市场的迅速扩张和数据交易的频繁进行，数据资源的消耗和更新速度也在加快，这对数据要素市场的可持续发展提出了新的挑战。如何有效管理和维护数据资源，推动数据要素市场向着更加可持续的方向发展，是当前亟须解决的问题。解决数据确权难的问题，建立起统一的数据确权标准和方法，将有助于数据资源的规范化管理和持续更新，从而为数据要素市场的可持续发展奠定基础。

其次，数据要素市场的跨境合作和数据流动问题也需要引起重视。随着数字经济的全球化发展，越来越多的数据跨越国界进行流动和应用，但不同国家和地区的数据管理制度和标准存在差异，给数据跨境流动带来了一定的障碍。因此，如何加强国际合作，建立跨境数据流动的规则和机制，促进数据要素市场的全球化发展，是当前亟待解决的问题。国际合作将帮助我国数据要素市场更好地融入全球数字经济体系，促进数据的跨境流动和应用，拓展市场发展空间。

此外，数据要素市场的人才短缺问题也值得关注。随着数据要素市场的不断发展，对数据分析、数据管理和数据安全等方面的人才需求也在不断增加，但目前我国的数据人才供给仍然相对不足，人才队伍结构不合理，缺乏高端数据人才。因此，加强数据人才培养和引进，提升数据要素市场的人才供给能力，是当前亟须解决的问题之一。解决人才短缺问题，培养更多的数据分析、数据管理等方面的高级人才，将有助于提升数据要素市场的整体竞争力和发展水平。

然而，数据要素市场也蕴含着巨大的机遇。技术创新驱动是其中之一，大数据、人工智能和区块链技术的快速发展，为数据要素市场带来了新的发展机遇，提升了数据处理和分析的能力。政策支持力度加大，国家和地方政府对数据要素市场的重视和支持，为市场发展创造了良好的政策环境。跨行业数据融合，通过数据要素市场，打破行业壁垒，实现跨行业的数据融合和共享，促进各行业的协同创新和发展。国际合作，在全球数字经济发展的背景下，数据要素市场的国际合作将进一步扩大，促进数据的跨境流动和应用。

面对这些挑战和机遇，数据要素市场的发展需要多方努力和协同合作。政府应进一步完善数据相关的法律法规和政策，提供良好的政策支持和法律保障。企业应提升数据管理和利用能力，确保数据质量和安全，积极参与数据要素市场的建设和发展。技术提供者应不断创新，提供先进的数据处理和分析技术，提升数据要素市场的技术支撑能力。只有通过各方的共同努力，才能实现数据要素市场的健康发展，充分发挥数据在数字经济中的重要作用。

第 9 章　区块链赋能数据要素行情

9.1　区块链＋数字城市

9.1.1　行业背景

国务院 2021 年印发的《"十四五"数字经济发展规划》通知中明确提出,深化新型智慧城市建设,促进城市数据整合共享和业务协同,提升城市综合管理服务能力。随着信息技术的迅猛发展和全球城市化的加速推进,数字城市已成为现代城市发展的重要战略方向。

数字城市,依托于先进的数字化技术,运用信息化手段全面、高效地整合城市资源,显著提升城市运作效能,并为市民带来更加便捷的生活体验。数字城市不仅代表着信息技术的最新应用成果,更是城市治理、经济发展、社会进步与环境保护等多方面的综合体现。

数字城市的本质在于,通过运用前沿的信息技术,进而推动城市实现和谐可持续发展,为广大市民创造一个更加美好、便捷、舒适、安全的居住环境,从而实现智慧城市的管理和运营。

数字城市的内涵十分丰富,涉及信息化基础设施、数据资源、应用服务、安全保障等多个层面。首先,以通信网、数据中心、云计算平台等为代表的信息化基础设施是数字城市的基石,为数字城市的运行提供坚实的基础;其次,作为数字城市的核心,通过数据采集、整合、分析等手段,为城市管理和服务提供强大的数据支撑;再次,应用服务是数字城市的重要展示,包括智慧医疗、智慧文旅、智慧交通、智慧政务、智慧教育等多个领域,使城市智能化水平得到了极大的提升;最后,安全保障则是数字城市不可或缺的保障,确保城市信息化系统安全、稳定、高效运行。

然而,在数字化城市的建设过程中,随着数据资源的不断累积和应用场景的不断拓宽,同样面临着数据孤岛、信任缺失、隐私泄露等挑战,需要借助新技术手段来加以解决。

9.1.2　业务痛点

痛点一:数据孤岛问题。

数字城市建设中,各个部门、企业往往由于系统架构、技术标准、管理权限等因素,拥有各自独立的数据资源,这些数据资源因来源、格式、存储方式等差异,导致数据之间难以共享和整合,造成了数据孤岛问题,导致城市管理者无法全面、及时地获取城市运行的真实数据,也使得数据资源无法发挥应有的价值,严重影响了城市管理和服务的决策效果与水平。

痛点二:信任缺失与数据安全风险。

随着数字城市建设的深入推进,数据资源越来越丰富,涉及政府、企业、个人等多个主体,数据的真实性和安全性成为一个重要的问题。然而,当前的数据交换和共享主要依赖于中心化的数据中心或第三方平台,但这种模式容易受到黑客攻击、数据篡改等风险,导致信任缺失和数据泄露的问题。

痛点三:跨部门协作困难。

数字城市的建设需要多个部门和机构之间的紧密协作和协同治理。然而,在实际运行中,由于传统的管理模式和机制的限制,跨部门协作和协同治理往往面临着诸多困难,制约了数字城市的发展,如何实现数据的跨部门协作和协同治理,是数字城市建设的另一大难题。

9.1.3 解决方案

区块链技术作为一种去中心化、安全可靠的分布式账本技术,正在引领着数字经济的新浪潮。在数字城市建设中,区块链技术发挥的作用日趋明显。区块链技术为数字城市的数据共享与互信、数据安全与隐私保护、跨部门协作与协同治理等方面提供了新的解决方案和思路,借助其分布式、不可篡改的记账方式以及智能合约等优势,可对城市的各类信息进行深度数字化的处理,有助于城市资源的优化配置和高效管理。

数据共享与互信。通过建立基于区块链的数据共享平台,政府、企业和个人之间可以实现数据的安全共享,在数字城市建设中有效打破数据孤岛困境。同时,通过区块链的共识算法来提高数据共享的效率和质量,从而保证数据的真实性和可信度。

数据的安全性,对隐私的保护。在数字城市中,数据安全与隐私保护是必不可少的。区块链技术通过加密算法等先进技术,为数据提供了强有力的安全屏障。一方面,可以确保安全存储关键数据,做到数据无篡改、可追溯;另一方面,加密算法和智能合约保障了数据的隐私性,确保数据的安全使用,可以对数据进行加密解密的自动化处理。

跨部门协作与协同治理。区块链技术为数字城市中的跨部门协作与协同治理注入了新活力。通过建立基于区块链的协作平台,政府部门、企业机构之间实现了信息共享和协同工作,有效打破了传统管理模式下的壁垒。同时,利用区块链的智能合约技术,可以自动执行跨部门的业务流程和规则,极大提高协同治理的效率和效果。

接下来将通过实际应用详细介绍区块链技术在数字城市建设中发挥的巨大作用。

在智慧医疗健康领域,浙江某儿童医院牵头构建了一个以区块链和隐私计算技术为核心的多队列集成共享平台。自新生育政策实施后,高龄再生育人群逐渐增多,由于孕产妇宫内环境发生变化,妊娠合并症风险和辅助生育需求逐年上升;同时,生育二孩和三孩的家庭,也有越来越多的育儿需求。因此,迫切需要解决宫内环境对儿童常见疾病以及不同养育环境对儿童早期发展的影响等关键问题。而基于区块链与隐私技术的多队列集成共享平台有效整合了跨地域、跨机构的覆盖儿童生长发育全周期的多队列,实现了儿童生长发育信息的安全共享,加快了新生育政策下儿童生长发育的研究进度。

该平台利用区块链技术实现了儿童生长发育全周期多队列数据的全流程上链存证与监管,确保了数据的精准量化与可靠存证;同时通过区块链技术对参与协作的各医院单位用户身份进行授权、上链、鉴权等操作,实现名单管理、通道管理以及用户角色权限管理,从而高效准确地实现跨机构身份认证。

该平台还利用隐私计算技术,实现了数据可用不可见的流转方式,确保各会员医院的敏感数据在参与计算的同时不直接暴露在外,从而保证了整个医疗科研过程中的数据安全和隐私保护。

基于区块链技术,并结合共识机制、智能合约等技术特性,该平台保证了跨地域、跨机构间的数据流通过程安全、合规、可信;同时采用链上链下联合审计模式实现了数据全流程追溯、监管与保护,有效解决了传统多队列研究中存在的数据交换风险、隐私保护缺失及确权问题。

区块链多队列集成共享平台的搭建,树立了智慧医疗健康领域数据共享与协作的新标杆,更为儿童健康事业的发展贡献了重要力量,彰显了区块链技术与医疗健康融合创新的巨大潜力。区块链多队列集成共享如图 9-1 所示。

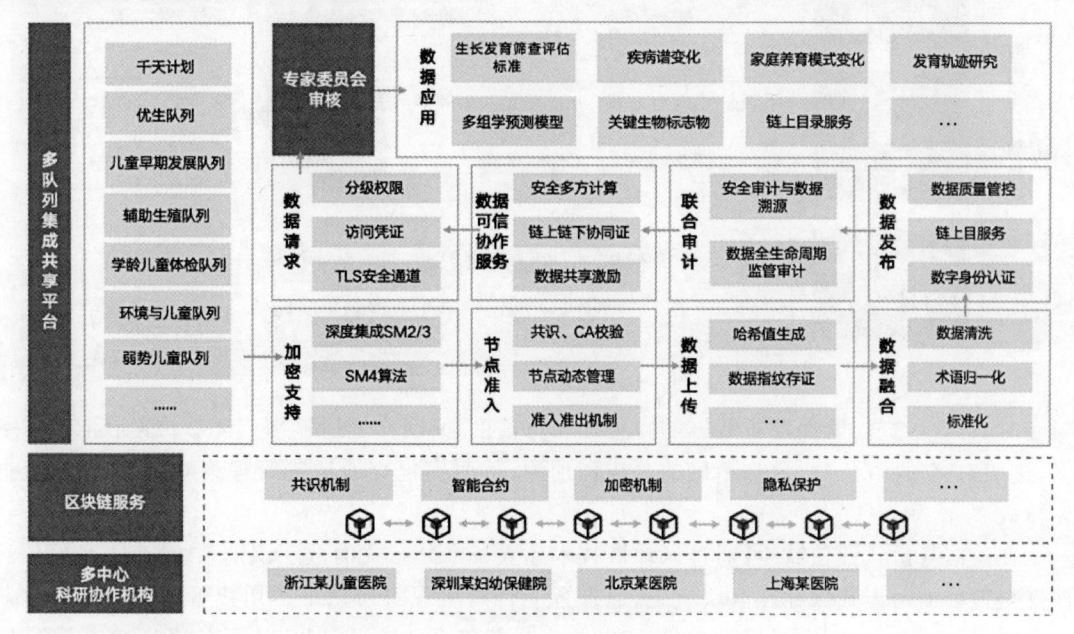

图 9-1 区块链多队列集成共享

在文化旅游领域,浙江某区域创新性地推出了基于区块链的海钓无忧数据运营平台。该平台充分利用区块链技术的分布式、可追溯性与不可篡改等特性,紧密结合区域内海钓行业综合需求,以场景化授权的方式,在区块链上安全存储海洋气象、公共交通、文化旅游、公共信用等多样化的公共数据与海钓钓点信息、船艇定位信息、商户评价信息以及渔获评价信息等自有数据,并利用隐私计算模型对这些数据进行整合计算,确保了数据的真实性和安全性,为区域内的海钓服务业务提供了强有力的数据支撑。

首先,平台通过隐私计算技术将海洋气象数据与海钓钓点、船艇定位、渔获评价信息进行融合计算,形成当前区域内各个钓点的热度信息,为游客提供精准的数据支撑,助力游客选择优质的海钓地点。其次,基于公共信用数据与商户评价信息的融合加工,形成海钓所需服务商的信用评分数据,游客可在平台内获取船艇租赁、渔获处置、海钓装备采购等海钓服务商的详细信息和信用评价,从而帮助游客更好匹配优质海钓服务资源。最后,平台还将文化旅游、公共交通数据与海钓钓点、商户评价信息进行融合计算,根据海钓游客选择的海钓地点智能匹配推荐周边的酒店、餐饮、停车等服务商信息,为游客的行程提供便利。

该平台让游客能够轻松获取丰富的海钓服务资源,并据此制定安全合理的海钓行程规划,极大地提升了游客消费体验。区块链技术的引入使得交易过程更加透明和可信,进一步保障了游客的权益;同时,隐私计算技术的应用也促进了各参与方之间的信任与协作,从而有效推动了区域休闲海钓全产业链的繁荣与发展。海钓无忧数据运营平台如图 9-2 所示。

此外,区块链技术在数字城市建设中的城市交通管理、数字身份认证、房地产交易和租赁、城市公共服务管理等方面也发挥着重要作用。

在城市交通管理中,交通运输部门、城管部门以及公共交通运营商等都掌握着大量的交通数据,包括交通流量、道路拥堵情况、公交车运行情况等关键信息。为了使这些数据得到充分利用,可以建立一个基于区块链的分布式交通数据共享和交换平台,在此平台上,各部门单位能够安全、高效地上传各自的交通数据至区块链网络,并通过智能合约实现数据的自动化验证

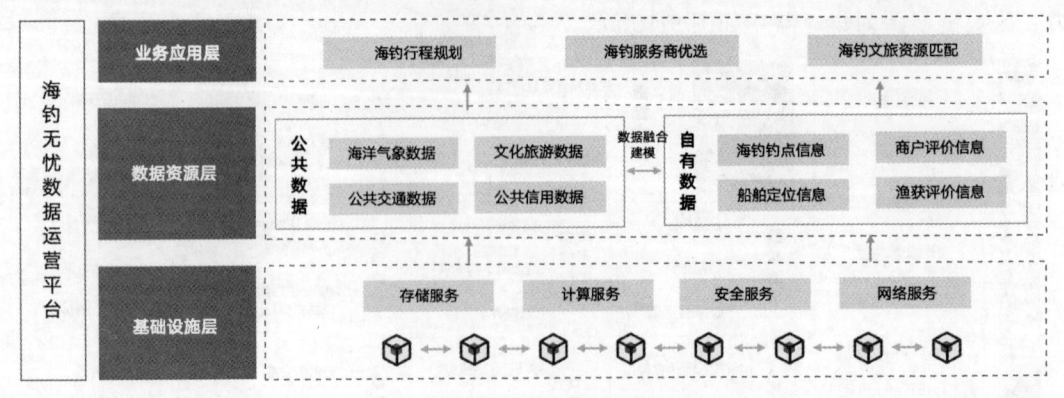

图 9-2 海钓无忧数据运营平台

与实时交换。这样,既保证了数据的完整性和可信度,又使交通运输部门能够快速获取各方数据,进而对交通状况进行更加精确的分析和预测,从而优化交通运输管理策略,提升城市交通运输效率。

在数据身份认证领域,可通过区块链技术建立一个分布式的数字识别系统,个人身份信息被安全地以加密方式保存在区块链上,通过智能合约实现身份认证。用户可以通过私钥控制自己的身份信息,并在需要进行身份认证时,通过智能合约验证身份,从而有效保护个人隐私,避免个人信息泄露和篡改的风险。

在房地产交易和租赁领域,区块链技术也同样展现了独特优势。区块链可以确保租赁协议透明度和可追溯性,同时可以通过智能合约自动执行和管理房地产交易及租赁协议,例如自动计算租金、处理押金、管理维修责任等,大大减少手工操作和潜在纠纷,进一步提高交易效率和安全性。

在城市公共服务管理领域,智能合约技术可以实现自动计算费用、支付处理、资源分配管理等功能,在保证服务质量可靠性和一致性的同时,增强公众满意度和信任度,从而提高公共服务的效率和便捷性。

由此可见,区块链技术在数字城市建设中起着至关重要的作用。通过区块链技术,实现数据高效管理、数据安全共享、交易环境可信、公共服务升级,为市民提供更加便捷、高效、安全的城市居住环境。

9.2 区块链+数字金融

▶ 9.2.1 供应链金融的企业信用评估

1. 行业背景

供应链金融作为一种基于供应链管理理念发展起来的金融服务模式,源于企业对资金流动性和供应链管理的需求。其本质是通过银行将核心企业与上下游企业联结起来,提供灵活的金融产品和服务。供应链金融通过供应链融资、应收账款融资、库存融资、供应链支付等供应链金融工具,辅以区块链、人工智能、物联网等数字化技术,优化供应链管理,提高供应链效率,降低成本,降低风险,从而加速货物和服务的流动。

供应链金融有以下三大显著特点。

(1)贸易融资的自偿性,通常为银行提供短期理财产品、封闭性借款等信用产品,以真实贸易背景为基础,涉及上游供货商和核心企业下游客户。自偿性是指融资的偿还不需要依赖于外部资金或额外的财务输入,而是通过融资所支持的商业活动本身产生的现金流来完成。这种现金流通常来自交易本身——例如销售商品或服务所获得的收入,例如某公司通过贷款购买原材料,再将这些材料加工成产品,最后这些产品卖给了他的客户,那么收到客户所支付的货款就可以直接用来偿还原来的贷款了,这种方式降低了银行或贷款机构的风险,因为贷款的偿还与企业的实际销售表现直接相关,而非仅仅依赖于企业的其他资金来源或财务状况。

(2) 封闭性的操作流程。从融资的发放到收回都具有封闭性,以确保对资金流和货物权进行双重控制。举例来说,在动产质押信贷业务中,企业将其拥有的货物质押给银行作为借款的抵押。动产质押通常涉及存货、设备或其他形式的有形资产,这些资产的价值为银行提供了借款的安全保障。企业所需原材料的采购,都是利用从银行获得的信用资金。在某些情况下,企业可能需要对质押的货物进行部分赎回,以便继续进行生产或销售活动。这通常涉及追加一定的保证金给银行,保证金是额外的资金保障,以确保银行的利益得到进一步保护。一旦企业通过追加保证金赎回了部分货物,它们就可以继续进行终端销售活动,销售所得的收入可以用来偿还银行的贷款。这种封闭性操作流程的关键在于,所有的融资活动都紧紧围绕实际的商业活动展开,资金流和货物流被严格控制,确保融资的安全性和有效性。此外,银行通过持续监控质押的货物和企业的财务状况,确保其贷款能够得到妥善的偿还。这样的流程可以有效减少信贷风险,并保护所有相关方的利益。

(3) 核心企业通常掌握供应链金融授信额度。传统金融机构通常只授信于核心企业,由核心企业根据其购销业绩分配额度。金融机构在分配的授信额度范围内,向供应链上下游企业提供金融服务。

供应链金融的主要运作方式包括应收账款融资、预付款融资和动产质押融资,这些融资方式都是为了帮助企业在不同供应链阶段解决资金流动性问题。应收账款融资是指企业通过将未来收到的应收账款(即客户欠付的款项)用作担保来获取融资。鉴于偿还风险,金融机构通常只愿意向核心企业的直接供应商(一级供应商和二级供应商)提供这种融资,预付款融资则需要企业提供与其供应链中下游客户的销售合同或订单作为支持文件,这些文件证明了预期的销售,增强了融资的可行性,通常是一级分销商。这两种融资方式都依赖于核心企业(如制造商或批发商)对商品的控制能力和调整销售策略的能力。动产质押融资是企业为了向银行申请融资,将动产交由供应链金融服务主体或指定机构保管。

近年来,多家银行与核心企业的合作成功地推动了供应链金融平台的建立和发展。这些合作不仅展现了供应链金融在银行对公业务战略转型中的重要作用,而且部分央企已经将其供应链金融模式转型至融合供应链司库管理和产业互联网,带动整个供应链体系的现代化、数字化变革。例如,在 2023 年 10 月召开的"共链行动"大会上,中国中车与 4 家战略合作银行签署了产业链金融合作协议,专注于轨道交通装备、清洁能源装备等关键产业的供应链金融服务。这一合作通过实施数字化协同工具,显著提高了 2100 多家供应商的融资效率,解决了资金流动难题。浙商银行也通过其供应链金融创新,例如"电链通"和"车链通",为汽车和电力能源产业链的企业提供了系统化的金融支持。通过构建全链条、全场景的供应链金融服务,浙商银行帮助上下游中小微企业优化了资金结构,提高了融资效率。中国农业银行宁波市分行自 2023 年开始发展"稳链、强链、固链"战略,也成功推动了供应链金融业务的高质量发展,特别是通过"融通 e 信"等线上供应链金融产品,为宁波及周边地区中小企业提供了快速、低成本的融资服务,显著减少了供应商的回款周期。这些案例凸显了银行与核心企业联合,推动供应链金融平台升级转型的新趋势。这种转型使金融服务超越了传统的融资和支付功能,通过整合数字化工具和平台,深入优化了供应链中的资金流、物流和信息流。此外,这一进程极大提高了供应链的响应速度和透明度,降低了运营成本,同时增强了整个产业链的竞争力。

供应链金融的迅猛发展得益于金融科技的显著进步。借助大数据、区块链、云计算、人工智能等先进技术,供应链金融服务变得更加高效。这些技术不仅极大地增强了金融机构的风险评估和管理能力,还为中小企业开辟了更广阔的融资途径,并显著提升了金融服务的质量和可达性。

2. 业务痛点

1) 信息不对称

在供应链金融中,信息不对称主要表现在供应链的不同参与方持有关于其业务和交易的不同级别和质量的信息。例如,供应商可能对其生产能力、成本结构和财务状况了如指掌,而这些信息对于买方或金融机构而言可能不透明。这种信息的不均衡,使得金融机构在贷款申请或信贷风险评估中很难做出准确判断。

2) 数据孤岛

数据孤岛的问题在银行、金融机构中尤为明显。这主要表现在企业信用评估过程中,需要将来自多个数据源的信息汇集以进行有效的信用分析。然而,这些数据源往往是分散和割裂的,不同部门之间的数据隔离造成了信息无法流通,进一步加剧了信息孤岛现象。例如,供应链涉及包括制造商、供应商、分销商、物流商在内的众多独立运营实体,各方之间本身就缺乏固有的信任基础,可验证的交易记录的缺失进一步加剧了信任问题,导致需要依赖第三方金融服务商等中介机构对交易进行管理和担保。这不仅增加了交易成本,也使得整个融资过程变得昂贵和低效。此外,在评估创新型企业如新能源汽车企业时,该企业的电池技术或专利信息是核心资产之一,银行目前对这些技术和专利的价值评估往往需要依赖于昂贵的第三方服务,不仅使估价成本增加,而且可能影响估价的准确性。因此,银行在给此类创新型企业进行信用贷款时,面临成本高、风险大、真实性低等问题,显著影响了放贷的积极性,不利于支持创新型企业的成长。

3) 数据隐私与安全

对于涉及高度创新的企业,如科技药品研发企业,其商业秘密和研发数据具有极高的商业价值。保护这些数据的安全是企业的首要任务,因为任何数据泄露都可能对企业的竞争地位造成不可逆转的损害。例如,医药企业在开发新药的过程中,研发支出、进展和具体数据通常是高度机密的,企业通常不愿外泄以防止竞争对手获悉。这种保护措施虽然对企业安全至关重要,但也直接限制了金融机构对企业状况的全面了解,从而降低了风险评估的精确度和贷款决策的质量。

3. 解决方案

供应链金融的企业信任评估场景的主要业务需求集中在增强信息透明度、促进数据整合与共享、提升数据安全与隐私保护、建立信任和信用评级机制,以及提高资金流动性和融资效率等方面。这些需求通过实施先进的技术解决方案,如去中心化的数据共享平台、机密计算技术和大数据分析等,可以有效解决信息不对称、数据孤岛和数据安全等挑战。供应链金融的企业信用评估如图9-3所示。

通过区块链固有的透明性和不可篡改性特征,为供应链金融中的各方提供了一个共享的真实数据源。区块链上记录了全部交易记录和相关数据,并开放给参与各方。这意味着金融

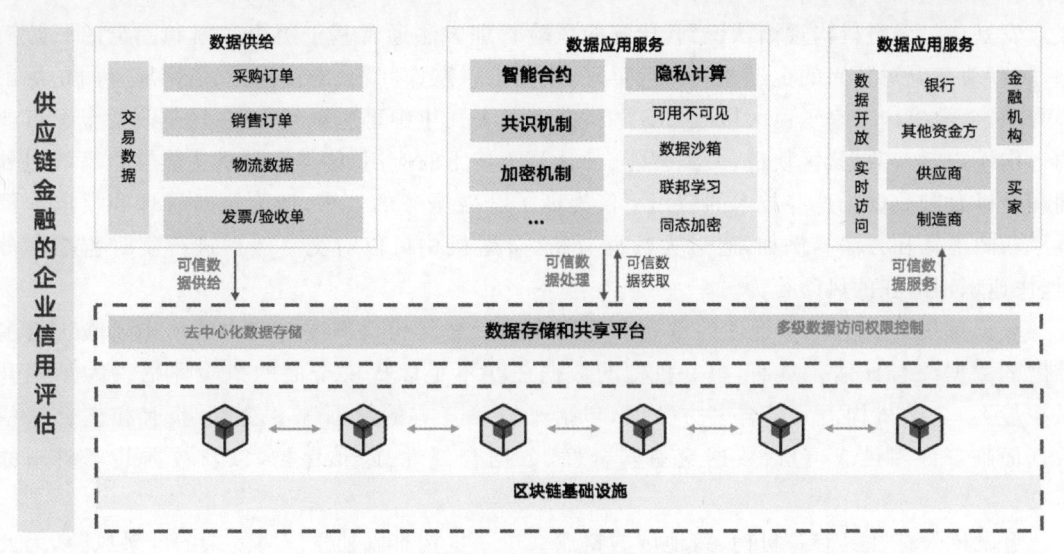

图 9-3　供应链金融的企业信用评估

机构、供应商、制造商、买家等可以实时访问完整、准确的交易数据,从而显著减少信息不对称。例如,金融机构可以直接查看企业的实时库存数据、发货记录和支付状态,而不必依赖企业自报的可能不准确的数据。同时,区块链构建了一个去中心化的数据存储和共享平台,使得原本孤立的数据源能够在不同组织之间自由流通。通过智能合约,区块链自动化并标准化了数据共享和业务流程,如信用验证、合同执行等。这样既消除了数据孤岛,也使整个供应链的协同效率得到了提升。智能合约确保所有交易都按照预设规则自动执行,减少了中介参与,从而降低了成本并加快了交易速度。此外,区块链平台能够支持多级数据访问权限,确保敏感数据的保密性和安全性,同时允许需要的参与方访问必要的信息。这种结构化的数据共享和访问控制机制进一步强化了供应链金融的数据整合能力,使得金融机构在做出融资决策时能够基于全面和及时的数据进行。

除此之外,借助隐私计算技术,允许金融机构在不访问明文敏感数据的情况下,进行必要的风险评估和信用分析。例如,同态加密允许对加密数据进行处理和分析,而无须解密,从而使企业可以安全地共享其研发支出和进展数据,而不泄露具体内容。安全多方计算则使多个参与方能在保持各自数据隐私的同时,共同处理和验证关键信息。这样,即便在极端保密的环境中,金融机构也能够在多方原始数据"可用不可见"的情况下准确评估涉及高度创新的企业的贷款申请,而无须担心敏感信息的泄露,从而保护企业的商业秘密同时提高金融服务的质量和效率。

该方案的价值,通过实施区块链和隐私计算技术,对创新性企业和银行金融机构都带来显著益处。对创新性企业来说,它增强了数据保护,允许企业安全地分享关键商业信息而不泄露具体内容,从而支持它们保持竞争优势并降低知识产权风险。对于银行和金融机构,该方案提供了一个高度透明和可信的数据访问环境,大幅提高了信贷审批的效率和准确性,降低了操作成本,并使得金融服务更加快速响应市场需求,增强了整个供应链金融体系的健康和活力。

9.2.2　联合风控与反欺诈

1. 行业背景

随着全球经济的迅猛发展和金融科技的日新月异,金融行业面临的风险管理和反欺诈挑战愈发复杂。金融机构逐渐认识到，传统的风险管理方法通常基于历史数据和固定的风险模型，难以动态应对新兴的金融风险。近年来，新型金融欺诈问题、洗钱问题、信用风险问题层出不穷，对金融机构带来了巨大挑战。金融科技在过去几年中迅速崛起，正在深刻改变金融行业的运作模式。大数据、区块链、人工智能、云计算等技术的应用，使得金融机构能够更高效地处理和分析海量数据。这些技术的应用不仅提高了金融服务的效率，还为风险管理和反欺诈提供了新的工具和方法。例如，通过大数据分析，金融机构可以对交易数据进行实时监控和分析，快速识别潜在的风险行为。

数据对现代金融风险管理的重要性不言而喻。金融机构需要对客户的信用风险进行多维度的数据综合评估。然而，单一机构的数据往往不足以提供全面的风险评估。为了提升风控能力，金融机构需要整合多方数据，包括来自第三方的数据源。然而，获取和整合这些数据面临着许多挑战，包括数据交易安全性、数据合规性、隐私保护，以及数据共享机制的建立。

金融风险往往具有跨机构、跨地域的特点。单一机构难以独立应对复杂的金融风险，因此跨机构合作变得尤为重要。通过数据共享和协同合作，金融机构可以更全面地了解客户的金融行为和风险状况，提高风险识别和管理的准确性。近年来，越来越多的金融机构开始探索跨机构的数据共享和协同风控模式，以应对复杂多变的金融风险，例如以下金融风险：

（1）信用风险：信用风险是指由借款人或交易对方不能履行合同义务，导致金融机构蒙受损失的风险。例如，某客户在多个银行都有贷款，当其在其中一家银行违约时，其他银行可能无法及时获得该客户的违约信息，增加了整个金融体系的风险。

（2）洗钱风险：洗钱风险是指不法分子将非法所得通过各种金融操作的方式变相地转化为合法所得。例如，用户 A 在银行 A 开户后，将大额资金分散存入不同银行账户进行洗钱，单一银行难以识别其真实风险，导致洗钱行为难以被及时发现和制止。

（3）欺诈风险：欺诈风险是指通过虚假信息、伪造文件或其他欺骗手段获取非法利益的行为。例如，某企业通过伪造财务报表获取贷款，多个银行在未共享信息的情况下，可能被同一份伪造文件欺骗，发放多笔贷款，增加了整体金融系统的风险。

随着金融科技的发展，监管机构也在不断完善相关法律法规，以应对新的风险和挑战。金融机构在进行数据共享和风险管理时，必须严格遵守相关的法律法规，确保数据的合规使用和客户隐私的保护。这需要金融机构在技术应用和风险管理实践中，时刻关注和遵守最新的监管要求，确保业务的合法合规。未来，随着技术的不断进步和金融行业的持续创新，金融风险管理将会更加智能化和高效。大数据、人工智能和区块链等技术将在金融风险管理中发挥更多关键作用。金融机构将通过更紧密的跨机构合作和数据共享，提升整体风险管理能力，保障金融体系的稳定与安全。在这一过程中，金融机构需要不断探索和创新，适应快速变化的市场环境和技术发展趋势。

2．业务痛点

1) 数据孤岛与信息不对称

金融机构在进行信用风险评估时，往往依赖自身积累的数据。然而，客户的征信状况很难通过单一机构有限的数据进行综合评定。尽管第三方数据可以补充单一机构数据的不足，但获取这些数据的合规要求严格，且获取流程复杂，导致获取数据的效率较低。同时，金融机构之间的数据共享机制不健全，数据孤岛现象严重，各机构难以形成统一的风险认知，增加了风控的难度和风险。

2）风控效率与成本问题

在当前的金融环境中,数据获取和处理的周期长,导致风险管理的及时性和有效性受到影响。获取其他机构的重要数据需要经过复杂的审批流程,周期较长,降低了风控的效率。风控成本也随之增加,金融机构需要投入大量资源用于数据获取、处理和分析。此外,单一机构的数据难以训练出高效的风控模型,进一步提升了风控的成本和复杂度。

3）复杂金融风险行为的识别难度

现代金融环境中,复杂的金融风险行为层出不穷。例如,用户为了洗黑钱,可能会在多家银行开设账户,将大额资金分散到不同的账户进行洗钱。单一银行难以全面掌握用户的资金流向,导致洗钱行为难以被及时发现和制止。同样的风险还包括一地多企和一人多企等,即同一地域内多家企业或同一人名下多家企业的情况,通过不同的银行账户进行复杂的财务操作,增加了风险识别的难度。传统风控手段难以应对这些复杂的风险行为,金融机构需要更加精准和高效的风控工具和方法。

3. 解决方案

随着金融行业面临的风险管理和反欺诈挑战日益严峻,区块链技术作为一种创新解决方案,逐渐在金融风控领域得到广泛应用。区块链技术能够有效解决数据孤岛和信息不对称问题,实现跨机构的数据共享与合规管理,提升整体风险管理的效率和准确性。

区块链技术通过分布式账本实现金融机构之间的数据安全共享。金融机构可以通过区块链平台安全地共享客户风险数据,如贷款申请记录、信用评分和黑名单数据。在确保数据隐私和合规的前提下,这些数据的共享有助于形成统一的风险评估机制,提高风控效果。此外,智能合约的应用为风险管理带来了自动化和高效性。金融机构可利用智能合约设置数据访问权限和使用规则,保证数据共享的透明性和安全性。例如,智能合约可以设定在满足特定风险条件时,自动触发数据共享和风险预警,提升风控的及时性和有效性。区块链金融联合风控与反欺诈如图 9-4 所示。

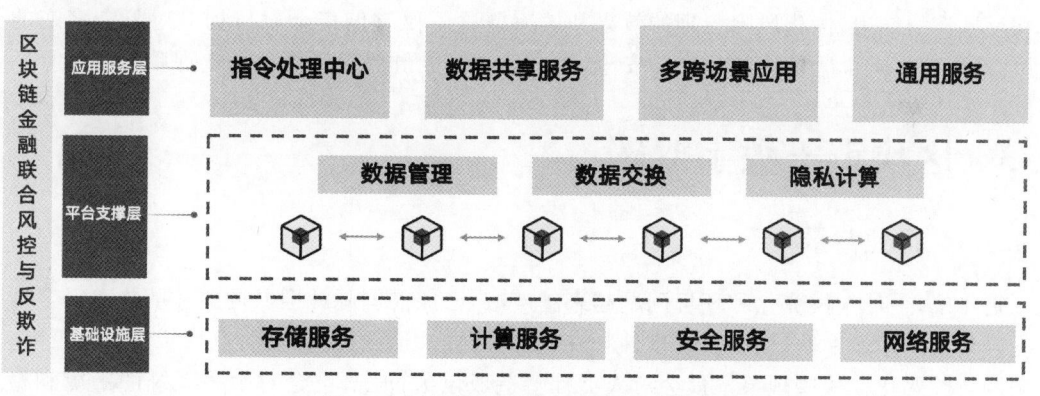

图 9-4 区块链金融联合风控与反欺诈

区块链技术在数据安全和隐私保护上也具有显著优势。金融机构可以在数据上链前运用加密机制,对其进行非对称加密,保障数据在传输和存储过程中的安全,只有经过授权的用户才可以对数据进行解密和存取,从而保证客户的隐私被保护。此外,区块链还支持零知识证明等隐私保护机制,使得金融机构在不暴露具体数据内容的情况下,能够验证数据的真实性和有效性。

联合风控和反欺诈是金融风险管理的重要环节。区块链技术可以帮助金融机构实现更高效的协同风控和反欺诈,通过共享和分析多方数据,提升风险识别的精准性和及时性。金融机构可以通过区块链平台为载体,建立一个共享诈骗信息和黑名单数据的反诈骗联盟。联盟成员可以实时更新和查询欺诈行为记录,形成联防联控机制,有效防范欺诈风险。例如,当某客户在 B 银行被识别为欺诈风险后,该信息会立即通过区块链平台分享给联盟成员,其他银行可以及时采取措施阻止进一步欺诈行为的发生。

实时监控预警是区块链技术在风险管理中的另一大优势。区块链平台支持实时数据更新和监控,金融机构可以实时跟踪和分析客户的金融行为,及时识别异常交易和风险信号。通过区块链上的智能合约,可以自动触发风险预警和应对措施,提升风控的反应速度。例如,当某客户在多个银行账户之间进行频繁大额转账时,区块链平台可以实时监控并分析其交易行为,智能合约根据预设的风险规则触发预警,通知相关金融机构采取措施,防范洗钱和欺诈风险。

技术支持与持续监控是金融风险管理的基础。区块链平台可以整合多方数据资源,通过大数据分析技术,对海量数据进行深度挖掘和分析,识别潜在的风险模式和趋势。金融机构可以利用这些分析结果,优化风控模型和策略,提高风险识别的准确性和时效性。例如,通过分析客户的交易记录、消费行为、社交网络等多维数据,金融机构可以构建更加精准的客户信用评分模型,提升信用风险评估的效果。

此外,区块链平台可结合人工智能和机器学习技术,实现智能化的风险管理和决策支持。通过机器学习算法,平台可以不断学习和优化风险评估模型,提升模型的预测能力和适应性。例如,平台可以利用机器学习算法,对客户的金融行为进行自动识别和分类,对潜在的风险事件进行预测,提供决策支持建议,帮助金融机构更好地应对复杂的金融风险。

区块链平台还可提供实时的风险监控和反馈机制,金融机构可在第一时间收到最新的风险告警提示,及时调整风控策略和措施,确保动态响应及控制风险。例如,当市场环境或客户行为发生变化时,平台可以实时分析和评估其对金融风险的影响,提供及时的反馈和调整建议,帮助金融机构快速应对和适应变化。

通过这些区块链技术的应用,金融机构可以实现数据的安全共享和实时分析,提升协同风控和反欺诈的能力,优化风险管理的效果和效率。这不仅有助于金融机构应对复杂多变的金融风险,还能促进金融体系的稳定与安全,为金融行业的健康发展提供坚实保障。

9.3 区块链+数字双碳

▶ 9.3.1 行业背景

近年来,全球气候变化和环境问题越来越严峻,已成为国际社会共同关注的焦点。全球气候变暖导致海平面上升,极端天气事件频发,生物多样性遭到严重破坏,空气质量大幅下降,环境问题持续恶化。这些现象不仅会对人类社会造成巨大冲击,也会对生态系统的平衡和稳定构成严重威胁。而这些问题的根源在于大量温室气体的排放,特别是二氧化碳的排放,成为全球迫切需要解决的问题。

为了积极应对全球气候变化与环境威胁,各国纷纷提出了明确的减排目标与实施策略。其中,《巴黎协定》作为国际合作的里程碑,各方共同承诺将 21 世纪全球平均气温较前工业化时期上升幅度控制在 2 摄氏度以内,力争将气温上升幅度控制在 1.5 摄氏度以内。作为全球大国,中国在此方面更是展现了坚定的态度与决心。2021 年,中共中央国务院发布《关于完整准确全面贯彻新发展理念做好碳达峰碳中和工作的意见》,明确提出"双碳"目标:力争在 2030 年前实现碳达峰,努力争取在 2060 年前实现碳中和。作为世界上最大的发展中国家,我国将用30年左右的时间完成全球最高碳排放强度降幅,用全球历史上最短的时间实现从碳达峰到碳中和的跨越。中国对"双碳"目标的承诺,不仅是中国对全球气候治理的重大贡献,更是推动中国经济社会绿色转型、实现高质量发展的内在要求。

数字双碳产业在"双碳"目标的推动下,发展空间广阔。通过先进的数字技术可以实现对碳排放数据的实时监测、精准核算和有效管理,从而提高碳减排的效率和效果。数字技术的融入也有力推动了碳交易市场的建设和发展,促进了碳减排资源的优化配置和合理利用。

数字技术的不断创新与应用,为双碳产业提供了强大的技术支撑。然而,数字双碳行业的发展也面临着一些挑战,例如碳排放数据不透明、可信度不强以及碳交易效率低下等。因此,数字技术在碳减排领域的应用还需要进一步探索和创新。

▶ 9.3.2 业务痛点

痛点一:碳排放数据不透明。

由于缺乏统一的碳排放数据收集标准和方法,数据采集过程中可能存在重复采集、缺漏采集等现象,导致碳排放数据参差不齐,且准确性难以保证。同时,出于隐私保护的考虑,企业往往不愿意公开碳排放和交易数据,导致碳交易市场存在交易主体信息不对称、信息透明度不高等问题。

痛点二:碳排放数据可信度不高,监管难度大。

由于碳排放数据的收集、处理和传输过程中涉及诸多环节,数据容易受到人为干扰和篡改,导致数据失真。同时,政府、企业、第三方之间尚未建立完善的可信碳数据联动机制,使得碳排放数据的可信度受到质疑。加之监管手段和技术手段的限制,碳排放数据的监管也面临诸多困难,难以确保数据的真实性和有效性。

痛点三:碳交易效率低下。

由于碳排放数据不透明和可信度不强,碳交易市场缺乏透明度,导致企业难以了解市场行情和价格变动,进而影响其交易决策的制定与执行。在缺乏可靠数据支撑的情况下,交易流程变得烦琐复杂,使得碳交易的整体效率大打折扣。

▶ 9.3.3 解决方案

针对上述业务痛点,基于区块链技术的数字双碳解决方案应运而生。区块链技术凭借其分布式、透明性和不可篡改等独特优势,在数字双碳领域发挥着至关重要的作用。不仅为双碳业务的发展提供了强有力的底层技术支持,还能精准解决上述业务痛点,进而促进实现"双碳"目标,助力低碳经济持续健康发展。

在碳排放数据安全与隐私保护方面,区块链技术通过其分布式账本和加密算法等先进技术,为碳排放数据构建了强大的安全防线。关键数据能够安全地存储在区块链上,实现数据的不可篡改和可追溯性。同时,区块链的匿名性特点能够保护企业隐私信息不被泄露,为双碳业务的稳健发展提供了安全、可靠的数据环境。

在碳排放数据共享与互信方面,区块链技术通过其分布式特性,为数据共享与互信提供了有效手段。政府、企业等各方可以共同参与数据的录入、验证和共享过程。区块链的共识算法保证了数据的真实可信,而加密技术则保证了数据传输的安全,有效地打破了数据孤岛现象,提高了共享数据的效率与质量。

在碳交易效率优化方面,区块链技术能够实时、透明地记录并更新碳交易信息,包括交易价格、数量和时间等关键数据，使得企业能够更准确地把握市场动态和价格变化，从而做出更明智的交易决策。此外，借助智能合约技术，区块链能自动化执行碳交易的结算、支付等流程，显著减少了人为干预，降低操作失误风险，极大地提升了交易效率。更重要的是，区块链技术能够去除中介机构，减少第三方平台的参与，进一步降低了交易成本，推动了碳交易市场的健康发展。

接下来将以浙江减污降碳协同治理平台为例，深入解析区块链技术在推动数字双碳建设中所展现的显著作用与巨大潜力。

浙江减污降碳协同治理平台构建了完善的账户体系、数据体系、指标体系、评价体系以及应用体系，并将区块链技术融入其中，不仅确保了核心数据的完整性和安全性，还有效防止了数据被篡改，从而提高了数据的可信度和准确性。

该平台通过开发多维度的管理和数字化技术应用，能够精准地反映工业企业的减污降碳情况，为政府和企业提供了全面、准确的数据支持。同时，它还能助力全省碳排放及污染物排放总量的精准控制，帮助决策者更好地把握减排形势，实现科学的环境管理。

区块链技术的应用进一步强化了平台的功能和价值。通过区块链的去中心化、不可篡改的特性确保了平台上数据交易和传输的安全性和透明度，从而增强了数据的可信度。此外，区块链技术还实现了数据的实时更新和共享，确保了数据的时效性和有效性，为政府和企业提供了更为高效、便捷的数据服务。

浙江减污降碳协同治理平台通过引入区块链技术，不仅确保了数据的完整性和安全性，还提升了数据的可信度和准确性，极大地推动了浙江省乃至全国的减污降碳工作向更高效、更精准的方向发展，为绿色可持续发展注入了强大动力。浙江减污降碳协同治理平台如图9-5所示。

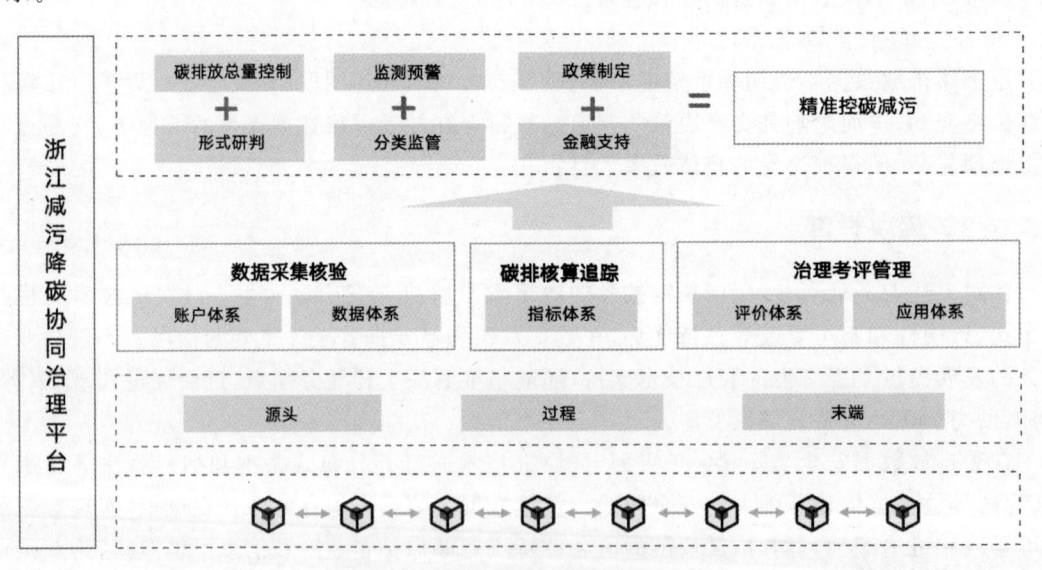

图 9-5 浙江减污降碳协同治理平台

账户体系在浙江减污降碳协同治理平台中扮演着重要角色，它能够全面维护企业碳账户的身份、权限等核心信息，确保企业基本信息的详尽收集和系统化管理。更重要的是，该系统利用区块链技术不可篡改的特性，确保企业碳账户信息真实性和准确性。通过区块链的分布式账本特性，数据在多个节点上同步并保持一致，极大地提升了企业碳账户信息的可信度。

此外，账户体系为企业用户提供了丰富的功能支持，包括数据写入、数据确认和数据授权等多个方面。每个环节都经过区块链技术的实时记录和严格验证，确保了用户身份与操作的真实性和有效性，同时也使得整个操作过程变得透明、可追溯。

数据体系模块通过区块链技术对企业和相关机构提交的能源消耗数据、企业增加值等数据实施统一管理。该模块具备碳账户数据核验、碳账户数据展示以及污染物数据展示等功能，能够确保数据的真实性和完整性。

（1）碳账户数据核验：平台成功对接浙江省碳排放核查系统，通过智能合约自动执行数据分析和预测，实现对企业碳账户核查数据的交叉核验。在区块链技术的支持下，平台能够实时记录并验证数据的来源和修改历史，从而确保数据的真实性和可信度。

（2）碳账户数据展示：平台利用可视化界面展示收集到的碳账户数据，直观地反映全省消费侧和供给侧企业的碳排放情况。借助区块链技术，平台在保障数据的完整性和不可篡改性的前提下，为相关职能部门提供了地域、行业、企业类型等多维度的碳排放量、碳强度等数据分析和预警，为政策制定和决策提供强有力的支撑。

（3）污染物数据展示：平台与浙江省生态环境厅协同平台紧密对接，实时获取企业各类污染物排放数据。通过区块链技术，可以保证这些数据的真实性和可信性，有效防止篡改或伪造数据。此外，平台还能对企业污染物排放进行监测跟踪，形成详尽的排放分析，帮助企业了解自身排放情况，并为相关职能部门提供监管和治理的依据，从而促进企业环保意识的提升和行动的落实。

指标体系为相关部门提供了直观对比企业之间碳排数据的便利，并为所辖企业设立了碳数据窗口。此窗口以企业碳排放总量为核心指标，结合工业总产值、产品产量、企业占地面积等多维度数据，构建了一套科学立体的碳排放考核指标体系。此外，平台借助区块链技术，确保了碳排数据的完整性和可信度，使指标体系能够真实、准确地反映企业的低碳发展水平。

在计算企业相关指标时，平台充分发挥了区块链技术的优势，通过智能合约实现数据的自动收集、验证和存储，不仅提高了指标计算的准确性和效率，还降低了人为干预和错误的风险。同时，区块链分布式的特点确保了数据的公开透明，所有数据均被记录在区块链上，用户可以随时查阅并验证的区块链上的数据，显著提升数据的可信度。

评价体系涵盖了"一本账""碳评价""碳预警""企业在线服务"四大核心模块，全面、深入地剖析了全省各重点碳排放企业当前的减污降碳成效。该系统从源头管控、多跨协同、减污增效、协同增效等多维度考量，并借助区块链技术，在链上以加密的方式对所有关键数据进行存储，从而保障了数据的准确性和可信度。

"一本账"模块整合了各方数据，为全省减污降碳工作提供了清晰、可量化的账目记录。通过区块链技术，减污降碳数据以不可篡改的方式永久记录在链上，有效保障了数据的真实性和完整性，为政策制定与决策提供了坚实的数据支持。

"碳评价"模块基于链上数据，能够对企业和地区的减污降碳成果进行客观、公正的评价，为政策制定提供了科学依据，也为奖惩机制的建立提供了参考，从而有效激励企业积极参与减污降碳工作。

"碳预警"模块同样能够基于链上数据对潜在的风险和问题进行预警。该模块通过智能合约实时监控和分析链上数据，一旦发现异常或潜在风险，预警机制将被立即触发，预警信息被发送到相关部门和企业，确保治理工作能够及时响应和调整，有效避免减污降碳工作中可能出现的问题和风险。

"企业在线服务"模块为企业提供数据服务、资产服务、环保超市等便捷高效的在线服务,帮助企业更好地参与到减污降碳的工作中,提升企业的环保意识和能力。同时,通过区块链技术,企业可以更加安全、可靠地存储和共享减污降碳数据,享受更高效、便捷的服务体验。

应用体系针对不同用户群体的多样化需求,基于账户体系、数据体系和指标体系,开发了碳交易、碳分析、碳金融、碳指数、企业服务等多个前沿应用模块。具体而言,碳交易模块全面分析了全省各地市参与碳交易企业的数量、排放量、配额情况以及交易趋势,为市场提供了丰富的数据支撑;碳分析模块则横向对比了全省各地市、各行业的碳强度,为政策制定提供了科学依据;碳金融模块详细解析了全省碳排放抵押贷款情况,助力金融机构更好地服务实体经济;碳指数模块则针对全省发电厂的碳排放、碳指数进行了统计分析,为行业的绿色发展提供了指导;企业服务模块则为企业提供了全方位的在线服务,助力企业实现减污降碳目标。

区块链技术的应用给应用系统带来了重要支撑。所有碳交易的关键数据都通过区块链进行了上链存证,保证了数据真实、不可篡改,为交易双方营造了公平透明的交易环境。同时,碳强度数据也得以安全存储和高效传输,保证了分析结果的准确性和可信度。

应用体系不仅为企业运营、金融服务、政府决策等多维度应用提供了坚实的数据基础和技术支撑,还推动了减污降碳工作的数字化、智能化、精准化。

总之,通过引入区块链技术,浙江减污降碳协同治理平台在数据共享与互信、安全保障与隐私保护以及交易效率等方面实现了全面提升,不仅为"双碳"目标的达成提供了有力支持,还实现了对企业碳排数据的精准管理和科学评估,为全省的减污降碳工作提供了坚实的数据支撑和决策依据,也为实现绿色发展目标奠定了坚实基础。

9.4 区块链+数字治理

9.4.1 行业背景

数据治理是指对数据的收集、存储、处理、共享和使用进行有效管理,以确保数据的完整性、准确性、可用性和安全性。这一概念源自拉丁文"掌舵"(Steering),最初用于描述政府如何协调与社会其他主体之间的利益关系。随着企业管理理念的不断发展,数据治理逐渐被引入企业治理领域,并且随着IT资源和数据资源的重要性日益增加,数据已经成为驱动经济和社会发展的关键要素,进一步演变为"数据治理"。数据治理关注各参与主体的权利、责任和利益平衡,如数据生产者、数据收集者、数据使用者、数据处理者、数据监管者等,在大数据生命周期内实现数据的最大价值与风险规避。

2022年12月19日,中共中央国务院发布了《关于构建数据基础制度更好发挥数据要素作用的意见》,推动构建数据基础制度、建设数据要素大市场。数据已经成为继土地、劳动力、资本和技术之后的第五大生产要素。然而,数据要素确权、流通和使用过程中面临着严峻的安全挑战,包括数据确权定价困难、数据流转交易障碍以及数据隐私风险。这些挑战表明,在保障数据安全的前提下,实现数据高效受控共享和有序开发利用已成为促进数据要素流通的关键问题。

在此背景下,数据资产化概念也逐步兴起。数据资产化通过数据资产入库和入表等方式,将数据资源转换为有经济价值的资产。这个过程不仅提升了企业对数据资源的管理能力,也增强了企业的市场竞争力和整体价值。通过数据资产入库,企业可以将数据资源按照一定标准进行整理、分类和存储,使其成为有价值的资产;通过数据资产入表,企业可以将这些数据资源反映在其资产负债表中,进一步提升企业的市场竞争力。

▶ 9.4.2 业务痛点

在大数据时代,数据治理面临许多挑战,这些痛点主要集中在数据质量、数据隐私和安全、数据共享与流通以及数据合规性等方面。

1. 提高决策数据质量

提高决策数据质量是数据治理的首要任务。大数据价值实现需要多源数据的融合,然而数据来源广泛且生命周期内涉及多方参与主体,这使得数据的真实性、完整性和一致性成为巨大挑战。数据在生成过程中可能被篡改或误报,从而对数据的真实性造成影响;多源数据标准和类型的不一致导致数据融合难度较大,使得数据分析、决策准确性受到影响;数据可能在传输和存储过程中丢失或损坏,造成数据不全,也会影响分析结果。因此,数据治理需要支持大数据在其全生命周期内的溯源,通过数据验证规则、标准化数据格式和数据清洗等方法来提高数据质量。

2. 评估与监管个人隐私数据的使用

评估与监管个人隐私数据的使用是数据治理面临的另一大挑战。大数据应用的流通特征使得数据生产者对数据的获取和分享缺乏知情权和控制权。在整个数据采集和汇聚过程中,容易出现数据垄断,不仅会侵害消费者的个人隐私,也会阻碍市场竞争、损害消费者利益,阻碍行业技术创新。数据生产者不知道哪些数据被收集、被谁收集以及收集之后流向哪里、作何用途,导致隐私泄露的风险进一步加大。从监管层面来说,数据监督者很难有效评估和监督数据应用。数据治理需要对个人隐私数据使用进行评估与监管,通过加密、匿名化和访问控制等技术手段,保护数据隐私,防止数据泄露和滥用。

3. 促进数据共享

促进数据共享在数据治理中也面临诸多挑战。数据共享可以促进大数据价值的实现和缓解数据垄断,但在隐私保护和信任问题上存在显著困难。在共享数据过程中,如何在保护数据生产者隐私的前提下实现数据有效共享至关重要。法律和实际应用中的一些因素限制了数据的直接传输,需要在不直接传输原始数据的情况下,通过分布式数据集进行统计分析和分布式机器学习。此外,多方参与者之间缺乏完全的信任,导致数据共享过程中的验证和监管困难。数据治理需要在权衡数据生产者和数据使用者等参与主体利益的前提下,促进数据共享。通过综合法律法规、政策标准和技术方法等多种途径,确保数据共享的安全性和有效性。例如,国际标准 ISO/IEC 38505-1《信息技术-IT 治理-数据治理》对参与数据治理的主体提供了原则、定义和模型,有助于参与主体对其数据利用过程进行评估、指导和监督。

▶ 9.4.3 解决方案

基于区块链技术的数据治理为解决当前面临的关键问题提供了一种创新的方法。区块链本质上是一种分布式数据库,具有分布式、不可篡改、透明化的特点,能够显著提高数据治理的安全性和可信度。区块链数字治理如图 9-6 所示。

1. 可审计性

通过区块链构建的分布式数据库系统,确保数据不被篡改,也不会在存储、处理和分享过程中丢失。区块链网络内的各节点都存储数据,数据一旦存入区块链便无法篡改,即使存在通信故障和蓄意攻击,数据的完整性和正确性依然能够得到保障。此外,区块链支持数据处理过程和处

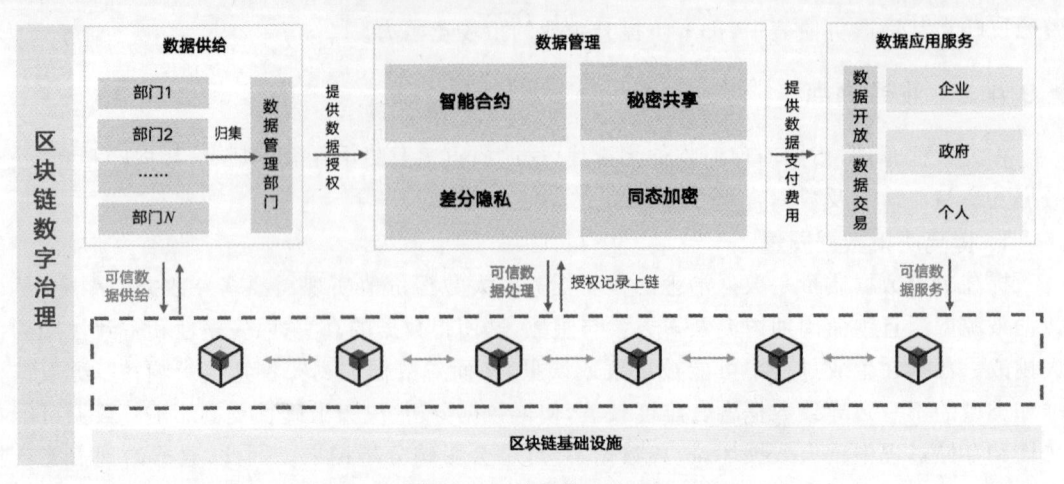

图 9-6 区块链数字治理

理结果的可审计性,通过智能合约实现数据的自动验证和执行,确保数据的一致性和透明度。

2. 可溯源问责

在传统的数据获取和共享过程中,数据的获取和共享情况对外不可见,导致隐私泄露问题严重。区块链分布式和不可篡改的特性,可以记录数据获取和共享情况,实现追踪溯源,在隐私保护技术失效的情况下,可以通过溯源问责并结合策略承诺、违反检测和隐私审计等手段,尽可能保护数据隐私。同时,区块链技术增加了数据获取和共享流通的透明性,为评估监管数据和解决数据垄断问题提供了技术支持。

3. 分布式统计分析和机器学习

在医学研究、公共安全和商务合作等领域,通常需要在大规模分布式数据集上执行统计分析和机器学习任务。要想成功实施此类协作任务,必须在不泄露隐私数据的前提下进行分布式数据统计分析和机器学习。然而,现有的方案在处理这些任务时面临着许多挑战,尽管安全多方计算技术允许多方联合计算而不泄露各自的数据,但它并不适用于大规模数据提供者参与的场景;虽然秘密分享能保护数据的私密性,但却会使数据的提供者失去对数据的控制权;本地化差分隐私需要对数据的可用性和隐私保护进行平衡,隐私保护可能影响数据的实用性;同态加密能够保证数据提供者不失去数据控制权,但前提是数据提供者提供真实数据且计算节点进行可信计算。

基于区块链实现可验证的分布式数据统计分析通常包括数据提供者、多个计算节点、多个验证节点和数据查询者。数据提供者提供加密数据,计算节点执行密文计算,而区块链上的验证节点则负责验证计算结果。为了确保分布式数据统计分析的安全性和隐私性,需要考虑以下几方面:数据机密性、数据提供者与数据之间的不可关联性、查询结果的机密性以及计算结果的鲁棒性。在基于区块链的可验证和公平的分布式机器学习中,数据提供者将本地机器学习参数上传并存储到区块链,由区块链进行交叉验证,并将分布式机器学习过程的每一步记录在链上。结合零知识证明和密码学承诺,可以对恶意参与方进行经济惩罚,以经济激励的方式促进公平性。此外,分布式机器学习还需关注数据提供者本地参数的安全性,因为这些参数可能泄露数据或机器学习模型。为此,通常采用差分隐私、秘密共享和同态加密等技术对其进行保护。

通过这些解决方案,基于区块链的数据治理能够有效应对数据质量、隐私保护和数据共享等方面的挑战,实现数据的高效、安全和合规管理,推动数据治理在现代数据密集型环境中的应用和发展。

第三部分　项目实战案例

第 10 章 案例：数据交易

在之前的章节中，我们对区块链与数据市场进行了初步探索，详细解释了一些核心概念，以帮助读者建立对基于区块链的数据市场的基本理解。在此基础上，本章将通过一个具体的项目实战案例——数据交易平台，深入展示区块链技术在数据市场中的实际应用。这一实战案例不仅将具体演示区块链技术的应用过程，还将帮助读者更深刻地理解其在数据交易中的强大潜力。

10.1　项目简介

在传统的数据流通模式中，原始数据通常被直接转移，这种方式在处理高隐私性数据时存在显著风险。例如，个人隐私数据、企业税务信息和银行客户数据等敏感信息，若直接转移可能导致数据泄露和滥用。为了解决这一问题，基于区块链的分布式数据交易平台提供了一个创新解决方案，即利用区块链不可篡改、透明和分布式等核心特性，构建一个安全的数据流通市场。区块链账本的可追溯性和透明监管特点，使数据交易过程中的确权、授权、记录和审核等步骤都变得清晰可见，从而让数据买卖双方能够了解数据的流向和历史，减少造假或误解的可能性。同时，智能合约用于控制数据存取权限，帮助数据提供商在保障用户隐私的同时，保持对自身数据的完全控制，只有在满足特定条件下才能解锁数据存取权限。通过在区块链上注册数据的元数据（如创作时间、作者信息等），可以创建一个不可篡改的数据所有权记录，明确数据的来源和归属。

基于区块链的数据交易平台广泛应用在多个行业，例如在医疗领域，它使得研究人员可以汇集来自不同源头的临床数据，以更全面地评估新疗法的效果与安全性，同时加速药物审批过程；在零售和供应链管理中，通过交易库存、销售和物流等数据，企业能够优化库存控制，预测市场趋势，提高供应链的透明度和响应速度；跨行业的数据交易还促进了机器学习和人工智能技术的应用，这些技术依赖于大规模数据集来训练更精准、更智能的算法，从而在各个层面重塑行业标准和业务模型。为了方便读者理解，项目实战以简化版的据交易平台为例，让读者了解基于区块链技术的数据交易平台将如何应用和流转。

在数据交易场景中，主要角色包括提供方、需求方和监管方，如图 10-1 所示。

通过区块链与数据平台的对接，在区块链平台上对交易全环节数据进行链式存证，从而实现数据要素流通过程中，在监管机构、数据要素提供方和数据要素需求方之间实现价值的可信传递和授权意愿的穿透式监管，为数据要素流通提供安全可信的交易环境。数据交易平台包含身份认证审核、数据发布审核、交易撮合、数据定价以及合约管理等，交易撮合用于协助数据提供方和数据需求方沟通并确定需求，数据定价用于辅助完成数据的定价，在本项目案例中不会涉及。

本项目案例以数据提供方和数据需求方两个参与方进行文件交易为例，阐述非结构化数据交易的核心业务和区块链之间的流转过程。图 10-2 展示了在分布式数据交易平台中进行文件交易时，数据提供方、数据需求方、交易平台及区块链之间的交互过程。

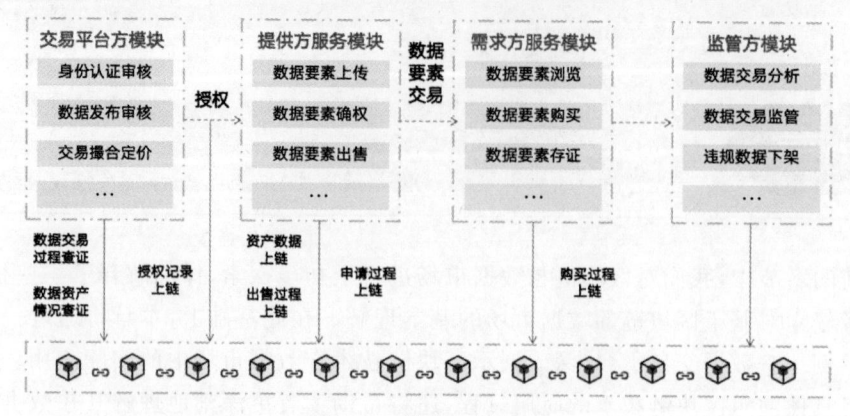

图 10-1 数据交易场景

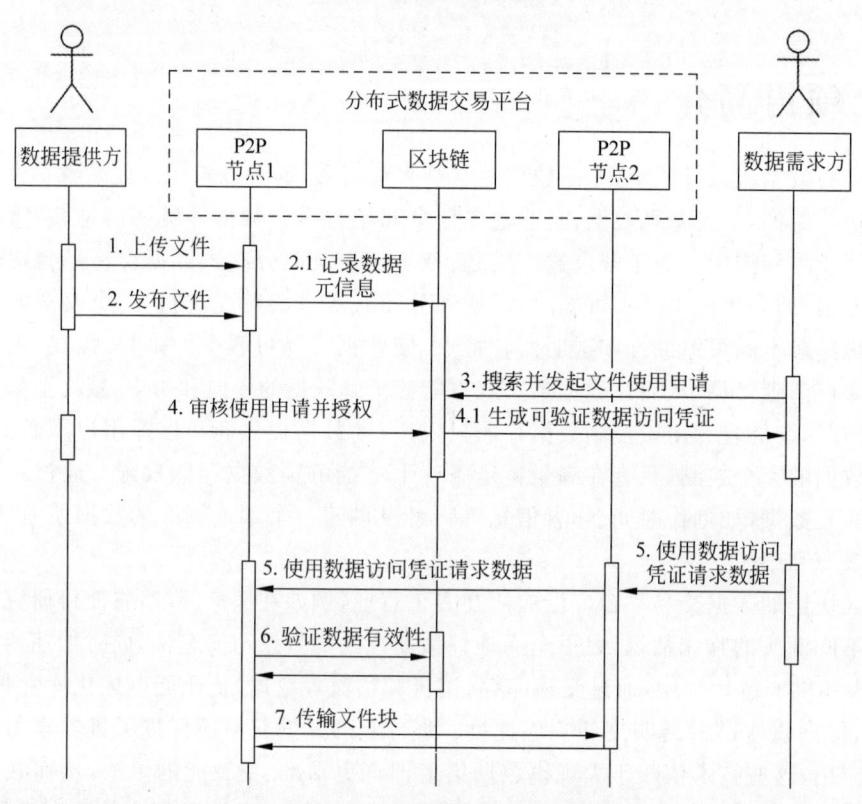

图 10-2 分布式数据平台交易过程

首先,用户可以将数据上传至自己所在的 P2P 节点,并将数据元信息发布到分布式数据交易平台。在发布时,数据元信息和发布操作会被永久记录在区块链账本上,这样的操作可以监督数据提供者,防止在数据交易完成后,数据提供者拖延或违反协议。

其次,数据需求方在分布式数据交易平台中进行检索,并向数据提供方发出购买申请。这一申请记录同样会被签名并上链。一旦数据提供方审批通过,数据需求方就可以获取一个可验证的数据访问凭证,此凭证也会在区块链上进行记录和验证。

最后,数据需求方使用这个数据访问凭证,通过分布式数据交易平台请求数据。平台会使用数据访问凭证对数据请求进行链上验证,确认数据和请求的合法性。一旦确认请求有效,平台便会安全地将数据从数据提供方传输给数据需求方。此外,在区块链账本上也会记录数据需求方的请求操作,为数据追踪和审计证据。

除了文件之外,这个系统也可用于交易接口、数据源、模型等其他类型的数据。在分布式数据交易平台上进行数据交易,具有以下优势:

传输过程更安全:在信息发布和数据传输过程中,通过区块链公开的只有数据元信息,实际数据通过链下的点对点传输,无须依赖任何第三方平台,提高了数据传输的安全性。

流程完全透明:利用区块链账本不可篡改的特性,能够便捷地监测数据的生命周期,便于后续跟踪和审计,将整个数据使用过程全部记录在链上,确保流程的透明度。

更适于大规模数据分享:区块链虽然具备存储能力,但通过在链上记录轻量级信息、链下完成大文件存储和传输的模式,便于动态扩展链下存储和数据恢复。

在该流程中,读者可着重关注区块链在整个流程中的作用:自动化的业务协同以及去中心化的价值流转。

10.2 应用架构设计

参考本节项目背景简介,相信读者已经对即将要实践的项目的背景有所了解。现有一个由多家金融机构组成的行业联盟希望利用区块链技术建立一个安全且可靠的数据交易平台。在这个平台上,金融服务公司和投资管理公司能够进行数据的买卖:金融服务公司提供丰富的市场研究数据、趋势分析和金融预测信息;而投资管理公司则需要这些高质量的市场分析数据来精炼其投资策略并提升资产管理的效率。图 10-3 为基于区块链的数据交易平台整体框架。

	表示层	账户界面	数据提供方界面	数据需求方界面
应用层	合约层	支付系统	账户管理	数据交易
			数据查询	发布数据 / 发起订单 / 订单确认 / 获取数据
SDK层	区块链SDK			
区块链层	区块链底层平台			

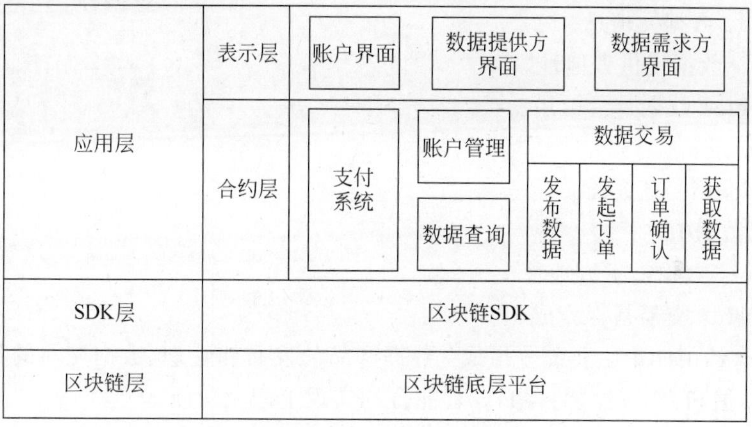

图 10-3 基于区块链的数据交易平台整体框架

基于区块链的数据交易平台可采用应用层、SDK 层和区块链层的三层架构设计。第一层为应用层,它分为表示层和合约层,负责业务相关逻辑。作为中介的 SDK 层将应用层和区块链层之间的交互封装起来,简化了智能合约的部署和调用,以及数据获取和操作,确保应用层的请求以统一的格式发送到区块链平台上。区块链层则提供核心的区块链服务,确保为数据的可追溯性和不可篡改性,为平台提供数据安全和透明度。

由于 SDK 层和区块链层对于应用开发者来说是现成可用的,因此这里主要阐述应用层。应用分为表示层和合约层,其中表示层为用户提供界面,使他们可以互动并执行各种操作。这包括账户界面(允许用户管理自己的账户和查看交易历史)、数据提供方界面(用于发布和管理自己的数据产品)以及数据需求方界面(允许用户搜索和购买数据产品)。表示层的主要任务是提供一个直观、易用的用户体验,让用户能够便捷地访问平台提供的服务。合约层负责实现关键功能,如支付系统、账户管理、交易查询、数据交易等。在设计时,包括智能合约定义的持久化数据以及处理所有的业务逻辑，如发布数据、检索数据、发起订单和获取数据。因此，合约层也可以看作传统意义上的应用的业务层与数据层的结合，对表示层发来的请求进行实际的业务流程处理，通过智能合约与区块链底层直接交互，管理和操作存储在区块链上的业务数据，确保数据的一致性和安全性。此外，合约层还负责持久化所有数据的增加和修改操作，确保所有变更都被可靠地记录在区块链上，从而利用区块链的不可篡改性来增强整个平台的数据完整性和透明度。

10.3 智能合约编写

数据交易平台智能合约设计的核心是实现数据的安全发布、购买和访问控制。以下是合约核心设计的详细描述。

▶ 10.3.1 合约设计

（1）智能合约中定义了两个核心结构体：DataProduct 和 Transaction，分别用于存储数据产品信息和交易信息。

核心数据结构如下：

① DataProduct。
- dataId：数据 ID。
- metadata：数据元信息。
- provider：数据提供者地址。
- isAvailable：数据是否可用。

② Transaction。
- transactionId：交易 ID。
- dataId：数据 ID。
- consumer：数据需求方地址。
- isComplete：交易是否完成。

（2）智能合约由四个主要部分组成：数据产品的发布和管理、数据交易的处理、数据访问权限的控制、数据和交易信息的存储。智能合约实现了四大功能。

- publishData：数据提供方发布数据产品。
- buyData：数据需求方购买数据产品。
- grantAccess：数据提供方授予访问权限。
- verifyAccess：验证数据需求方的访问权限。

智能合约各部分详细描述如表 10-1 所示。

表 10-1　智能合约各部分详细描述

功能模块	描　　述	数 据 结 构	输 入 参 数	输 出 参 数
数据发布	允许数据提供方发布数据产品	DataProduct	metadata（数据元信息）	bool（是否成功）
数据购买	允许数据需求方购买数据产品	Transaction	dataId（数据 ID）	transactionId（交易 ID）

续表

功能模块	描述	数据结构	输入参数	输出参数
授权访问	授予数据需求方对数据的访问权限	AccessControl	transactionId（交易 ID），consumer（数据需求方地址）	bool（是否成功）
验证访问	核实数据需求方是否具备访问权限	AccessControl	dataId（数据 ID），consumer（数据需求方地址）	bool（是否有访问权限）

10.3.2 合约核心代码

```solidity
// SPDX-License-Identifier: MIT
pragma solidity ^0.8.0;

// 数据交易市场合约
contract DataMarketplace {
    // 定义数据产品结构体
    struct DataProduct {
        uint dataId;                    // 数据 ID
        string metadata;                // 数据元信息
        address provider;               // 数据提供者地址
        bool isAvailable;               // 数据是否可用
    }

    // 定义交易结构体
    struct Transaction {
        uint transactionId;             // 交易 ID
        uint dataId;                    // 交易数据 ID
        address consumer;               // 数据需求方地址
        bool isComplete;                // 交易是否完成
    }

    // 存储数据产品
    mapping(uint => DataProduct) public dataProducts;
    // 存储交易信息
    mapping(uint => Transaction) public transactions;
    // 存储访问控制信息
    mapping(uint => address) public accessControl;

    // 下一个数据 ID
    uint public nextDataId = 1;
    // 下一个交易 ID
    uint public nextTransactionId = 1;

    // 发布数据产品
    function publishData(string memory metadata) public returns (bool) {
        uint dataId = nextDataId++;            // 生成新的数据 ID
        dataProducts[dataId] = DataProduct(dataId, metadata, msg.sender, true);
                                               // 存储数据产品信息
        return true;
    }

    // 购买数据产品
    function buyData(uint dataId) public returns (uint) {
        require(dataProducts[dataId].isAvailable, "Data not available");   // 确保数据可用
        uint transactionId = nextTransactionId++;          // 生成新的交易 ID
        transactions[transactionId] = Transaction(transactionId, dataId, msg.sender, false);
                                                           // 存储交易信息
```

```solidity
        return transactionId;
    }

    // 授予数据访问权限
    function grantAccess(uint transactionId, address consumer) public returns (bool) {
        require(transactions[transactionId].isComplete == false, "Transaction already completed");
// 确保交易未完成
        transactions[transactionId].isComplete = true;                           // 标记交易完成
        accessControl[transactions[transactionId].dataId] = consumer;           // 授予访问权限
        return true;
    }

    // 验证数据访问权限
    function verifyAccess(uint dataId, address consumer) public view returns (bool) {
        return accessControl[dataId] == consumer;                                // 验证访问权限
    }
}
```

10.4 项目部署与运行

1. 区块链系统部署

选择一个适合数据交易平台的区块链底层网络。例如，可以选择企业以太坊或 Hyperledger Fabric 作为底层区块链。然后，按照相应的文档和指南，部署区块链网络节点，配置网络环境。

2. 智能合约部署与调用

编写智能合约并部署到区块链网络上。智能合约的编译、部署和测试可以使用 Remix IDE 或者 Truffle 框架。

部署完成后，通过智能合约的接口方式调用相应的功能。可以使用 Web3.js 或 Ethers.js 与智能合约进行交互，调用如 publishData、buyData、grantAccess 等方法，实现数据交易功能。

3. 应用系统部署

最后，需要部署应用系统，包括前端和后端。前端可以使用 React 或 Vue.js 框架，实现用户界面；后端可以使用 SpringBoot 搭建服务，处理业务逻辑，并通过 SDK 与区块链进行交互。

第 11 章　案例：数字藏品

11.1　项目简介

随着数字化时代的快速演进，传统藏品交易正面临着一场深刻的变革。数字收藏平台应运而生，借助区块链技术生成唯一的数字凭证，用于保证特定的作品、艺术品的独特性和稀缺性。相较于传统藏品，数字藏品存储在区块链上，实现了从传统物理形态向数字形态的转变。这种转变在拓宽艺术品传播渠道的同时，也为数字文化产业的发展注入了新活力。

数字藏品平台在数字化技术发展的背景下，为数字艺术市场和收藏行业带来了全新的变革和机遇。数字藏品平台通过区块链技术有效解决了传统艺术品交易中的信任问题，摒弃了依赖中介或第三方机构的信任背书模式。区块链技术的分布式、公开透明等特性，为交易双方搭建了一个高度可信且透明的交易空间。基于区块链的加密算法，平台保证了每一件数字藏品的唯一性、真实性和安全性，有效防止篡改和盗用行为。这不仅为艺术家提供了更坚实的版权保护，也为收藏家和投资者提供了更安全可靠的投资渠道。数字藏品平台依托区块链技术使数字藏品在市场中具备稀缺性和独特性，成为文化和艺术市场的重要组成部分，提供较高的经济价值。

为了便于读者理解数字藏品平台的运作机制，我们以简化版的数字藏品平台为例，介绍数字藏品的交易流程。在数字藏品交易场景中，主要涉及数字藏品发行方和购买方两大核心角色。数字藏品的发行、购买、收藏和转赠流程都在区块链上进行，所有交易记录都会被永久留痕，确保交易的透明性和可追溯性。发行方负责在区块链上创建和发行数字藏品，确保每个藏品的唯一性和真实性。购买方通过平台购买数字藏品，并在区块链上完成交易记录。购买后的数字藏品可以在区块链上进行收藏，或通过平台进行转赠，所有操作均记录在区块链上，确保无法篡改。

这种基于区块链技术的交易模式，不仅提升了交易的安全性和透明度，也为艺术品市场注入了新的活力和创新价值。发行方作为创作者或者版权所有者，通过数字藏品平台发布作品，经过数字化处理并依托区块链技术完成上链，从而赋予数字藏品独特的身份标识和不可篡改的特性。通过这种方式，发行方成功地将传统艺术或创意作品转化为可交易、可收藏的数字资产。购买方作为数字藏品的消费者和收藏家，可以在平台上浏览查看各种数字藏品，并挑选心仪的数字藏品进行购买和收藏操作。购买方还享有将数字藏品转赠给其他用户的权益，通过转赠功能使得数字藏品具备了更广泛的社交属性，用户之间可以通过转赠数字藏品来增进友谊、传递情感或进行文化交流。

本项目案例聚焦于数字藏品的发布、购买与转赠流程，深入分析数字藏品的交易机制。

发行方在平台上设定藏品名称、价格、数量等信息，并发布藏品，藏品类型丰富多样，包括但不限于数字画作、图片、音乐、视频、3D 模型等。藏品一经发布，即会上链生成唯一哈希值，确保数字藏品的独特性和真实性。

买家可在平台上自由浏览和查看各类藏品信息,根据个人喜好和需求进行选购操作。下单购买后,系统将生成购买订单,并引导购买方进入支付页面进行付款操作。支付成功后,系统即刻生成藏品版号,并将藏品即时交付到购买方的账户中,所有操作均在链上进行,确保交易快速准确。

在购买过程中,发行方可以实时查看平台上的订单记录,包括购买订单编号、创建时间、支付时间、购买方等详细信息。

购买方享有向其他用户转让数字藏品的权益。转赠人只需在平台上生成转赠二维码,并发送给受赠人。受赠人扫描二维码领取藏品后,藏品将会自动转移到其账户中,整个转赠过程在链上进行,确保了交易的安全性。

在转赠过程中,发行方可以在平台上查看转赠记录,包括转赠订单编号、转赠时间、转赠人和受赠人等信息,便于发行方了解藏品的流通情况。

在数字藏品交易场景中,通过发行方和购买方的共同参与,结合区块链技术的优势,打造了一个安全、透明、可追溯的数字艺术市场,每一笔交易都见证了艺术价值的流转和传承,为数字藏品的交易和流通提供了全新的体验。

11.2 应用架构设计

参考 11.1 节的项目简介,相信读者已经对即将要实战的项目有了初步的认知。接下来,本节将结合数字藏品的实际场景,深入探讨如何依托区块链平台设计数字藏品平台的应用架构。

如图 11-1 所示,数字藏品平台的应用架构主要包含四部分:终端、后台业务层、SDK 层以及区块链层。

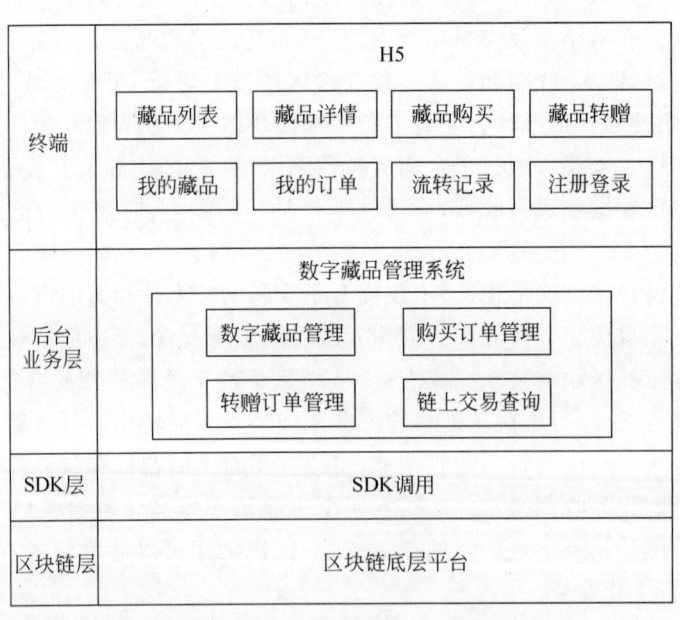

终端	H5
	藏品列表　藏品详情　藏品购买　藏品转赠
	我的藏品　我的订单　流转记录　注册登录
后台业务层	数字藏品管理系统
	数字藏品管理　购买订单管理
	转赠订单管理　链上交易查询
SDK层	SDK调用
区块链层	区块链底层平台

图 11-1 数字藏品平台的应用架构

终端主要面向数字藏品的购买方提供便捷的操作。购买方可以通过 H5 网站完成账号的注册,并使用正确的账号密码登录系统。在该模块下,购买方可以查看藏品列表、藏品详情、我的藏品和我的订单,并进行藏品的购买和转赠等操作,让藏品的交易流通变得更为简单高效。

后台业务层主要为发行数字藏品的发行方服务。发行方可通过账号密码登录后台管理系统，进行数字藏品的新增、发行、编辑等操作。同时该模块支持查询购买订单记录、转赠订单记录以及链上交易记录，使发行方能够全面了解藏品的销售与流通情况。

SDK 层是后台业务层和区块链底层之间的桥梁，通过调用 SDK 实现两者的交互行为，确保数据的准确传输和高效处理，为整个系统的稳定运行提供有力支持。

区块链层负责将所有交易数据上链，确保数据的安全性和可追溯性。数字藏品的交易记录通过区块链技术永久保存且不可篡改，为其真实性和价值提供了强有力的保证。

11.3 智能合约编写

▶ 11.3.1 合约设计

1. 合约代码设计

为了实现数字藏品的发布、购买和转赠功能，我们将设计一个基于 Solidity 的智能合约。该合约将包含以下主要功能：

（1）数字藏品的发行。

（2）数字藏品的购买。

（3）数字藏品的转赠。

2. 智能合约的核心逻辑

（1）藏品发行：创建新的数字藏品并记录其详细信息，包括名称、价格和数量。

（2）购买藏品：在买家支付相应购买款项后，合约会对藏品的拥有者资料进行更新。

（3）收藏转赠：允许收藏拥有者向其他用户转赠藏品，并对藏品的归属信息进行更新。

3. 数据结构

表 11-1 是合约核心数据结构，列出了其属性及描述。

表 11-1 合约核心数据结构

数据结构	属性名	类型	描　　述
Collectable	name	string	藏品的名称
	price	uint256	藏品的价格，以 wei 为单位
	issuer	address	发行者的地址
	owner	address	当前拥有者的地址
	exists	bool	表示藏品是否存在的标识

这些核心数据结构定义了数字藏品的基本属性及其在区块链上的表现形式，确保合约可以准确地记录和管理每一个数字藏品。

▶ 11.3.2 合约核心代码

以下是 Solidity 智能合约的示例代码，并附有详细注解。

```
// SPDX-License-Identifier: MIT
pragma solidity ^0.8.0;

contract DigitalCollectables {
    // 藏品结构体，包含名称、价格、发行者和当前拥有者
    struct Collectable {
```

```solidity
        string name;
        uint256 price;
        address issuer;
        address owner;
        bool exists;
    }

    // 藏品映射,使用藏品 ID 来索引藏品
    mapping(uint256 => Collectable) public collectables;
    uint256 public nextId = 1;

    // 事件:发行新藏品
    event NewCollectable(uint256 indexed id, string name, uint256 price, address indexed issuer);
    // 事件:购买藏品
    event Purchase(uint256 indexed id, address indexed newOwner);
    // 事件:转赠藏品
    event Transfer(uint256 indexed id, address indexed from, address indexed to);

    // 发行新藏品函数
    function issueCollectable(string memory _name, uint256 _price) public {
        require(_price > 0, "Price must be greater than zero");

        Collectable memory newCollectable = Collectable({
            name: _name,
            price: _price,
            issuer: msg.sender,
            owner: msg.sender,
            exists: true
        });

        collectables[nextId] = newCollectable;
        emit NewCollectable(nextId, _name, _price, msg.sender);
        nextId++;
    }

    // 购买藏品函数
    function purchaseCollectable(uint256 _id) public payable {
        require(collectables[_id].exists, "Collectable does not exist");
        require(msg.value >= collectables[_id].price, "Insufficient funds to purchase the collectable");
        require(collectables[_id].owner != msg.sender, "Cannot purchase your own collectable");

        // 将支付金额转移给当前拥有者
        address previousOwner = collectables[_id].owner;
        address payable receiver = payable(previousOwner);
        receiver.transfer(msg.value);
        // 更新藏品的拥有者
        collectables[_id].owner = msg.sender;
        emit Purchase(_id, msg.sender);
    }

    // 转赠藏品函数
    function transferCollectable(uint256 _id, address _to) public {
        require(collectables[_id].exists, "Collectable does not exist");
        require(collectables[_id].owner == msg.sender, "Only the owner can transfer the collectable");
        require(_to != address(0), "Cannot transfer to the zero address");

        // 更新藏品的拥有者
        collectables[_id].owner = _to;
```

```
            emit Transfer(_id, msg.sender, _to);
        }
}
```

11.4　项目部署与运行

1. 准备环境

安装并配置 Node.js 和 npm。

安装 Truffle 框架：npm install -g truffle。

安装 Ganache（本地区块链模拟器）：npm install -g ganache-cli。

2. 创建 Truffle 项目

创新项目目录并初始化 Truffle 项目：truffle init。

3. 编写合约

在 contracts 目录下创建 DigitalCollectibles.sol 文件，并粘贴上述合约代码。

4. 前端集成

使用 SpringBoot 开发后端业务逻辑和合约交互部分，与部署在本地或远程区块链上的合约进行交互。

前端页面可以使用 React 或 Vue 框架，提供用户注册、登录、浏览藏品、购买和转赠功能。

第 12 章 案例：版权保护

12.1 项目简介

互联网的发展极大降低了数字内容的传播门槛，也激发了全民创作的热潮。工业和信息化部信息中心发布的《中国泛娱乐产业白皮书》报告显示，数字作品创作形式已经从传统的影音延伸到网络小说、新闻、游戏，甚至包括短视频直播、在线教育、付费问答等更多元化的内容。然而，数字产业在带来巨大经济效益的同时，也暴露出一系列亟待解决的版权问题。互联网上易于获取的信息促使剽窃现象日益严重，严重侵犯了创作者的知识产权。尽管国家相继出台了多项政策与法律法规以保护数字版权，但由于缺乏针对性的法律架构，盗版现象仍然屡禁不止。此外，担心作品被盗版的出版社往往不支持作品的数字化，这限制了优质内容的更广泛传播。

版权确权在传统体系中尤为困难。确权过程不仅费用高昂，而且确权周期长达 20～30 天。对于需要迅速确权的创作者来说，这种基于权威机构的中心化管理机制造成了显著的时间成本。侵权监测同样充满挑战，涉及高门槛的技术如人工智能和网络爬虫，自研成本高昂。因为侵权作品分散且隐蔽，使得发现侵权线索变得更为困难，侵权取证过程复杂烦琐，需要利用多种工具进行，如手机录音、拍照、计算机网页取证等，且专业性强，难以把握取证的方向和范围。侵权线索一旦被删除或销毁，难以追溯。纠纷解决同样困难重重，自行取得的证据如拍照、截图等在法庭上的证据效力低，缺少权威认证。此外，维权过程不仅耗时耗力，而且成本高昂，使得许多创作者付出与收益难以成正比。这些问题的存在严重阻碍了数字内容行业的健康发展，给创作者们带来了极大的损失。

基于区块链的一站式版权保护平台是一个综合性的系统，为创作者提供从作品存证确权到维权的全方位服务。这样的平台集成了确权、监测、取证和司法维权的功能，使得创作者能够在一个系统中管理其版权需求，极大简化了版权保护的复杂性。核心功能通常包括版权确权、侵权监测、电子取证、司法维权。区块链技术不仅为确权提供了透明、安全的环境，确保所有权信息的不可篡改和永久记录，而且在监测、取证阶段提供了数据的真实性和可靠性验证。此外，区块链的分布式特性减少了对传统权威机构的依赖，使得版权保护更为高效和成本低廉。因此，一站式版权保护平台通常会联合公证处、法院、知识产权中心等机构和其他企事业单位，共同构建技术领先、功能完善、生态全面的版权联盟链，为接入应用提供司法增信服务。如图 12-1 所示，假设有一条版权链，基于版权链建设的一站式版权保护平台通常包含以下关键步骤。

存证确权：创作者将作品上传至平台，系统自动生成作品的数字指纹和时间戳并上链存储。这个步骤确保了作品在特定时间的存在和创作者的原创权。

全网监测：平台利用先进的人工智能技术，系统能够自动扫描和分析互联网上发布的内

第12章　案例：版权保护

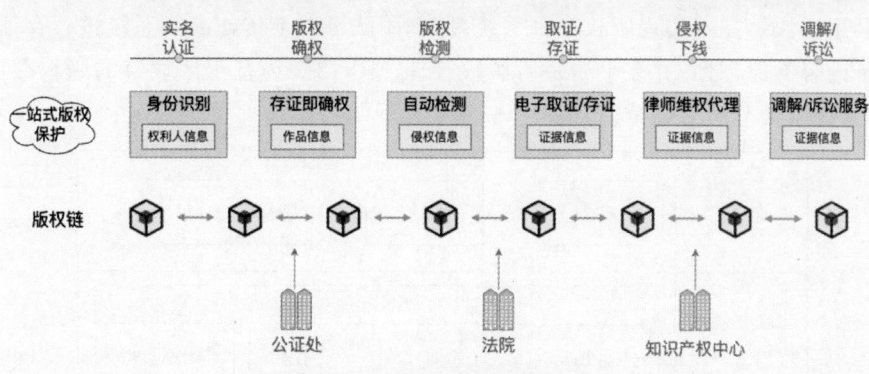

图 12-1　版权链建设关键步骤

容，与已存证的原创作品进行对比。一旦发现高度相似的内容，系统会立即标记并通知原创作者，这样作者就能在侵权行为扩散之初及时得知。

一键取证：平台在监测到潜在侵权行为时，能够通过自动化工具迅速收集和记录侵权证据，如侵权作品的在线位置、上传者的信息、侵权内容的网址、上传时间等，并利用区块链技术为这些证据提供法律效力，确保其不可更改性。

司法维权：得到充分证据后，创作者可以选择使用平台的法律服务。法律团队将使用在区块链上存储的证据，帮助创作者在法律上追求其权利，包括与侵权者协商赔偿或在法庭上起诉。由于证据已经通过区块链得到了加密和验证，它们在法庭上的可靠性得到了极大增强，从而简化了法律过程，并有助于快速公正地解决版权争议。

12.2　应用架构设计

参照本节所述的项目背景，相信读者已对即将深入了解的项目有所认识。为了便于理解，本书在实践部分将重点讨论简化版的版权存证场景。通过这一示例，读者可以清晰地看到基于区块链技术的版权存证如何实施和操作。尽管全网监测、一键取证和司法维权等功能同样重要，但需要涉及人工智能、图像识别及版权法等领域的专业知识，这些内容不是本书的核心焦点，我们将不在实践部分深入探讨。

版权存证的业务流程如下：在用户上传作品及相关信息后，系统接收用户上传的文件，计算文件所得哈希值，将哈希值作为交易内容传至区块链上进行固定存证，并在保护用户隐私的同时保存相应文件到文件服务器，确保文件不可篡改。完成存证后，将存证号、此次交易的交易哈希值、存证哈希值等内容以列表形式展示给用户。后续用户可以通过输入存证号或交易哈希值来请求验证其作品的存证，这通常发生在用户需要证明作品原创性或解决版权争议时。版权存证的业务流程如图 12-2 所示。

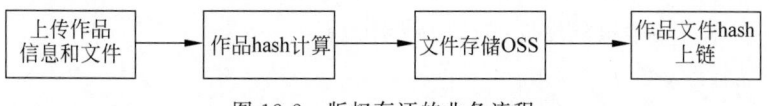

图 12-2　版权存证的业务流程

现有原创团体如独立艺术家、新闻机构、独立影视制作公司等，经常面临他人未经许可复制和分发其原创文章、视频、音频和图片的问题。这些原创团体需要一个高效、透明且成本可控的方式，来保护其版权并迅速对侵权行为作出响应。传统的版权登记过程通常耗时长、成本高，因此，利用区块链技术实现版权存证系统，原创团队可以上传作品到系统进行存证，他们需要确保上传内容的原创性，并在平台进行版权管理。图12-3为基于区块链的版权存证系统整体架构，本系统主要分为五部分。

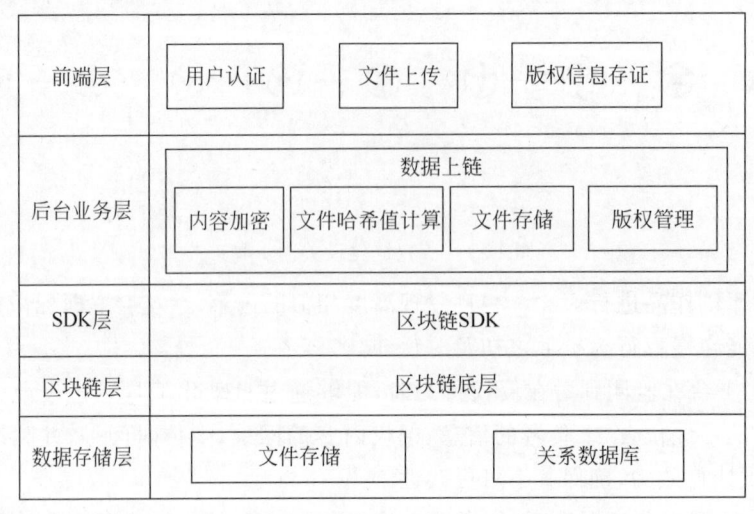

```
前端层      | 用户认证 | 文件上传 | 版权信息存证
后台业务层  | 数据上链：内容加密 | 文件哈希值计算 | 文件存储 | 版权管理
SDK层       | 区块链SDK
区块链层    | 区块链底层
数据存储层  | 文件存储 | 关系数据库
```

图12-3 基于区块链的版权存证系统整体架构

前端层为用户提供认证、文件上传和版权信息存证的功能。用户可以通过Web客户端或移动应用登录平台，上传作品文件，并填写版权信息。这些信息随后被系统处理，并通过哈希值计算生成唯一标识符。后台业务层负责处理这些信息，包括对文件进行加密、计算其哈希值、存储文件，并对版权信息进行管理，如授权和查询等。另外，后台业务层通过SDK与区块链层进行交互，将存证信息记录到区块链上。区块链层提供了系统的底层技术支撑，通过其去中心化、不可篡改和透明化的特性，确保存证信息的安全性和持久性。数据存储层包括文件存储和关系数据库，前者负责存储用户上传的文件，确保文件的完整性和不可篡改性，后者存储用户信息、操作日志、存证元数据等结构化数据，提供持久的数据管理解决方案。

12.3 智能合约编写

12.3.1 合约设计

智能合约中的数据结构是版权存证平台的核心，它定义了如何存储和管理版权信息。下面是主要的数据结构设计。

Artwork结构体内容如下。

- id：作品的唯一标识符，类型为uint256。
- author：创作者的区块链地址，类型为address。
- title：作品标题，类型为string。
- hash：作品文件的哈希值，类型为string。
- timestamp：存证时间戳，类型为uint256。
- verified：作品是否经过验证，类型为bool。

Artwork结构体数据结构如表12-1所示。

表 12-1　Artwork 结构体数据结构

数据结构	类型	说明
Artwork	struct	包含作品的基本信息
id	uint256	作品的唯一标识符
author	address	创作者的区块链地址
title	string	作品标题
hash	string	作品文件的哈希值
timestamp	uint256	存证时间戳
verified	bool	作品是否经过验证

▶ 12.3.2　合约核心代码

智能合约代码实现了版权存证、验证和查询功能。以下是一个简化的智能合约示例，使用 Solidity 语言编写，并附带注释。

```solidity
// SPDX-License-Identifier: MIT
pragma solidity ^0.8.0;

contract CopyrightRegistry {

    // 作品结构体,包含作品的基本信息
    struct Artwork {
        uint256 id;              // 作品唯一标识符
        address author;          // 创作者的区块链地址
        string title;            // 作品标题
        string hash;             // 作品文件的哈希值
        uint256 timestamp;       // 存证时间戳
        bool verified;           // 作品是否经过验证
    }

    // 作品映射表,通过作品 ID 查找作品
    mapping(uint256 => Artwork) public artworks;
    uint256 public nextArtworkId;

    // 注册事件,当作品存证时触发
    event ArtworkRegistered(uint256 id, address author, string title, string hash, uint256 timestamp);

    // 验证事件,当作品被验证时触发
    event ArtworkVerified(uint256 id, address verifier);

    // 注册作品存证
    function registerArtwork(string memory _title, string memory _hash) public {
        uint256 artworkId = nextArtworkId;
        artworks[artworkId] = Artwork(artworkId, msg.sender, _title, _hash, block.timestamp, false);
        nextArtworkId++;
        emit ArtworkRegistered(artworkId, msg.sender, _title, _hash, block.timestamp);
    }

    // 验证作品存证
    function verifyArtwork(uint256 _id) public {
        Artwork storage artwork = artworks[_id];
        require(artwork.id == _id, "Artwork not found");
        require(!artwork.verified, "Artwork already verified");
        artwork.verified = true;
        emit ArtworkVerified(_id, msg.sender);
```

```solidity
    }
    // 查询作品信息
    function getArtwork(uint256 _id) public view returns (uint256, address, string memory, string memory, uint256, bool) {
        Artwork memory artwork = artworks[_id];
        require(artwork.id == _id, "Artwork not found");
        return (artwork.id, artwork.author, artwork.title, artwork.hash, artwork.timestamp, artwork.verified);
    }
}
```

12.4 项目部署与运行

1. 准备环境

安装并配置 Node.js 和 npm。

安装 Truffle 框架：npm install -g truffle。

安装 Ganache(本地区块链模拟器)：npm install -g ganache-cli。

2. 创建 Truffle 项目

创建新项目目录并初始化 Truffle 项目：truffle init。

3. 编写合约

在 contracts 目录下创建 Art.sol 文件，并粘贴上述合约代码。

4. 前端集成

使用 SpringBoot 开发后端业务逻辑和合约交互部分，与部署在本地或远程区块链上的合约进行交互。

前端页面可以使用 React 或 Vue 框架，提供用户注册、登录、浏览藏品、购买和转赠功能。

参 考 文 献

[1] 邹均,张海宁,唐屹,等.区块链技术指南[M].北京：机械工业出版社,2016.
[2] 刘百祥,阚海斌.区块链技术基础与实践[M].上海：复旦大学出版社,2020.
[3] 戴维·王.深入浅出密码学[M].北京：人民邮电出版社,2023.
[4] 杨波.现代密码学[M].5版.北京：清华大学出版社,2022.
[5] 沈鑫,裴庆祺,刘雪峰.区块链技术综述[J].网络与信息安全学报,2016,2(11)：11-20.
[6] 王群,李馥娟,王振力,等.区块链原理及关键技术[J].计算机科学与探索,2020,14(10)：1621-1643.
[7] 斯雪明,潘恒,刘建美,等.Web3.0下的区块链相关技术进展[J].科技导报,2023,41(15)：36-45.
[8] 邵奇峰,金澈清,张召,等.区块链技术：架构及进展[J].计算机学报,2018,41(5)：969-988.
[9] 贺文华,刘浩,贺劲松.P2P网络现状与发展研究[J].软件工程,2019,22(4)：1-5.DOI：10.19644/j.cnki.issn2096-1472.2019.04.001.
[10] 袁勇,王飞跃.区块链技术发展现状与展望[J].自动化学报,2016,42(4)：481-494.DOI：10.16383/j.aas.2016.c160158.
[11] 贺海武,延安,陈泽华.基于区块链的智能合约技术与应用综述[J].计算机研究与发展,2018,55(11)：2452-2466.
[12] 邱月烨.以太坊联合创始人Joseph Lubin 区块链的技术先机[J].21世纪商业评论,2018,(7)：20-21.
[13] 刘懿中,刘建伟,张宗洋,等.区块链共识机制研究综述[J].密码学报,2019,6(4)：395-432.DOI：10.13868/j.cnki.jcr.000311.
[14] 韩璇,刘亚敏.区块链技术中的共识机制研究[J].信息网络安全,2017,(9)：147-152.
[15] 李赫,孙继飞,杨泳,等.基于区块链2.0的以太坊初探[J].中国金融电脑,2017,(6)：57-60.
[16] 曹迪迪,陈伟.基于智能合约的以太坊可信存证机制[J].计算机应用,2019,39(4)：1073-1080.
[17] 蔡楚君,柳毅.基于以太坊平台的医疗数据安全共享方案[J].计算机应用研究,2022,39(01)：24-30.DOI：10.19734/j.issn.1001-3695.2021.07.0240.
[18] 马春光,安婧,毕伟,等.区块链中的智能合约[J].信息网络安全,2018,(11)：8-17.
[19] 刘毓炜,孔玲,傅蓉蓉,等.基于数据要素流通场景下的区块链＋隐私计算发展与思考[J].科技与创新,2024,(11)：164-166.DOI：10.15913/j.cnki.kjycx.2024.11.050.
[20] 李鸣,刘亭杉,于泉杰.基于区块链的数据要素市场化研究[J].清华金融评论,2021,(5)：39-41.DOI：10.19409/j.cnki.thf-review.2021.05.011.
[21] 何玉长,王伟.数据要素市场化的理论阐释[J].当代经济研究,2021,308(4)：33-44.

图书资源支持

感谢您一直以来对清华版图书的支持和爱护。为了配合本书的使用,本书提供配套的资源,有需求的读者请扫描下方的"书圈"微信公众号二维码,在图书专区下载,也可以拨打电话或发送电子邮件咨询。

如果您在使用本书的过程中遇到了什么问题,或者有相关图书出版计划,也请您发邮件告诉我们,以便我们更好地为您服务。

我们的联系方式:

清华大学出版社计算机与信息分社网站:https://www.shuimushuhui.com/

地　　址:北京市海淀区双清路学研大厦 A 座 714

邮　　编:100084

电　　话:010-83470236　010-83470237

客服邮箱:2301891038@qq.com

QQ:2301891038(请写明您的单位和姓名)

资源下载: 关注公众号"书圈"下载配套资源。

资源下载、样书申请

书圈

图书案例

清华计算机学堂

观看课程直播